城市轨道交通工程
全过程环境保护管理

南京地铁建设有限责任公司
中电建铁路建设投资集团有限公司
苏交科集团股份有限公司
北京城建中南土木工程集团有限公司
编著

中国铁道出版社有限公司

2022年·北京

图书在版编目(CIP)数据

城市轨道交通工程全过程环境保护管理/南京地铁建设有限责任公司等编著.—北京:中国铁道出版社有限公司,2022.2

ISBN 978-7-113-28719-1

Ⅰ.①城… Ⅱ.①南… Ⅲ.①城市铁路-铁路工程-环境保护-环境管理-研究-中国 Ⅳ.①X322.2

中国版本图书馆CIP数据核字(2021)第277332号

书　　名:城市轨道交通工程全过程环境保护管理

作　　者:南京地铁建设有限责任公司　中电建铁路建设投资集团有限公司
苏交科集团股份有限公司　北京城建中南土木工程集团有限公司

责任编辑:梁　雪　　**编辑部电话**:(010)51873193

封面设计:高博越

责任校对:孙　玫

责任印制:樊启鹏

出版发行:中国铁道出版社有限公司(100054,北京市西城区右安门西街8号)

网　　址:http://www.tdpress.com

印　　刷:北京建宏印刷有限公司

版　　次:2022年2月第1版　2022年2月第1次印刷

开　　本:700 mm×1 000 mm 1/16　**印张**:13.25　**字数**:250千

书　　号:ISBN 978-7-113-28719-1

定　　价:80.00元

编　委　会

总顾问： 佘才高

顾　问： 陈志宁　王　霆

主　编： 郭建强　王　成　吴晓明

副主编： 蓝桂华　赵连军　韩向朝　吕卫国

编　委： 卜　璟　李维祥　潘　毅　王大鹏　陈　浩　余　进
谢　波　黄　胜　王　鹏　李晓东　赵文文　李晓峰
张凌翔　马金龙　陈作帅

组编单位：

南京地铁建设有限责任公司（简称“南京地铁”）
中电建铁路建设投资集团有限公司（简称“中电建”）
苏交科集团股份有限公司（简称“苏交科”）
北京城建中南土木工程集团有限公司（简称“中南土木”）
南京市轨道交通建设工程质量安全监督站（简称“南京轨道站”）

各章参编人员：

第 1 章　赵连军（南京地铁）；韩向朝（中电建）；吕卫国（苏交科）
第 2 章　李晓峰（南京地铁）；潘　毅（中电建）；余　进、谢　波（南京轨道站）
第 3 章　李维祥（南京地铁）；卜　璟、黄　胜（南京轨道站）
第 4 章　王大鹏、陈　浩（南京地铁）；蓝桂华（南京轨道站）；陈作帅（苏交科）
第 5 章　王　鹏、李晓东、赵文文（南京地铁）
第 6 章　王大鹏、陈　浩（南京地铁）；蓝桂华（南京轨道站）
第 7 章　张凌翔、马金龙（南京地铁）；蓝桂华（南京轨道站）
第 8 章　郭建强（南京地铁）；王　成（中电建）；吴晓明（苏交科）

序

作为城市公共交通的重要组成部分，城市轨道交通以其运量大、速度快、干扰小、能耗低等特点，日益成为缓解交通拥堵城市病的有效方式，备受各大城市青睐。根据行业最新统计数据，全国共有约200座大城市，其中已有50座城市建成投运轨道交通线路，规模总量位居世界首位。此外，新型城镇化的快速发展，将进一步催生城市轨道交通新需求，《中华人民共和国国民经济和社会发展第十四个五年规划和二〇三五年远景目标纲要》也提出，“十四五”期间将新增城市轨道交通运营里程3 000 km，行业发展依然大有可期。

在行业蓬勃发展的同时，也应看到，城市轨道交通是一项技术复杂、工种繁多、涉及面广的系统工程，线路建设对周边环境影响较大，不仅包括振动与噪声、大气、水、固体废弃物等污染影响，也包括水土流失、土地占用、地质结构破坏等生态影响。因此，城轨业主必须积极响应国家环保政策，强化环保意识，统筹做好线路建设与环境保护工作，努力探索出一条科技含量高、经济效益好、资源消耗低、环境污染少的可持续发展道路，这也是“十四五”时期行业进入高位平稳新发展阶段后，从高速发展转向高质量发展的必然要求。

作为全国第六个开通地铁的城市，南京积极响应国家绿色发展战略，较早开始了绿色地铁建设相关工作的研究，在规划最源头、建设全过程、运营全链条等方面，积累了较为丰富的实践经验，取得了一定的建设成果。其中，作为江苏省首条跨市域轨道交通线路，2021年底建成通车的宁句城际，是南京地铁在多年深耕绿色地铁建设领域基础之上进行全面技术应用的代表线路。摆在读者面前的这本《城市轨道交通工程全过程环境保护管理》，正是以宁句城际作为依托，对城市轨道交通建设中涉及的环境保护管理工作进行全方位分析与研究的智力成果。

全书的特色内容包括：一是从污染的产生、传播及影响三方面，分析了城市轨道交通建设工程环境污染防治和生态保护技术；二是系统总结了国内同类项目环保管理实践的经验和教训，并在行业内首次提出了环保管理中心的管理模式；三是对相关法律法规进行了系统全面的分析梳理，编制了参建各方的环境保护责任清单,形成了具备实际指导价值的工作管理制度;四是结合数字化技术,提出应打造环境保护一体化管理平台,并提供了平台应具有的架构和功能设计等实用建议;五是结合实例,给出了城市轨道交通工程中太阳能光伏板的应用思路,并形成了成熟的设计方案。

本书汇聚了编者对城市轨道交通建设工程环境保护工作全面、深刻、新颖的思考,内容翔实,图文并茂,是一本兼具学理性与实用性的城轨交通工程建设类特色图书,对推动行业更好地内化绿色环保理念、提升绿色建造水平具有重要的现实意义,也可作为广大技术人员和高等院校师生深入了解线路建设中环境保护相关工作的学习参考资料。

南京地铁集团有限公司董事长:[签名]

2022 年 2 月于南京

目　　录

1 概　　述

1.1 城市轨道交通发展概述

1. 世界城市轨道交通发展概况

城市轨道交通是城市交通系统的重要组成部分，在解决城市交通拥堵、促进城市发展、节约资源能源等方面发挥着重要的作用。城市轨道交通的诞生和发展至今已有150多年历史。目前，世界上著名大都市如伦敦、纽约、巴黎，中国的香港、北京、上海等已经基本建成了以城市轨道交通为骨干的现代城市交通体系，轨道交通所承担的客运量已占城市总客运量的50%以上，使其成为最主要的公共交通方式。

城市轨道交通最早诞生于城市人口出现爆炸性增长的19世纪。随着大量人口涌入城市，交通状况的恶化成为当时城市发展的桎梏。为满足城市交通需求的发展，1863年伦敦在帕丁顿的法灵顿街和毕晓普路之间修建完成了世界上第一条地下铁路(简称“地铁”)。该地铁采用明挖法施工，全长6.5 km，使用蒸汽机车牵引，通车当年就输送旅客1 000万人次。此后，地铁作为新型城市公共交通方式不断发展。1874年，在伦敦首次采用盾构法施工，于1890年12月18日修建成一条5.2 km的地铁线路，并首次采用电力机车牵引。在19世纪最后10年，世界上又有芝加哥、布达佩斯、格拉斯哥、维也纳、巴黎等5座城市修建了地铁。此外受伦敦地铁的启示，纽约于1868年首次建成了高架铁路(IRT第九大道线)。而在有轨电车基础上发展起来的现代轻轨交通也开始快速发展。20世纪20年代，美国的有轨电车系统总长达到25 000 km。20世纪30年代，欧洲的几个国家、日本、印度和中国的有轨电车也有了很大的发展。

20世纪下半叶，随着战后经济复苏，城市人口逐渐集中，城市轨道交通开始高速发展来适应日益增长的客流运输，同时各种技术装备的发展和进步也为城市轨道交通奠定了良好的基础。从1950年到1974年，欧洲、亚洲、美洲有30余座城市修建了地铁。从1975年到2000年，又有30余座城市相继修建地铁，其中以亚洲城市最多。

与此同时，西方一些人口密集的大城市，在考虑修建地铁的同时，又重新把注意力转移到有轨交通上。新型有轨电车在线路结构上采用了降噪减振技术等措施;采用专用车道,在与繁忙道路交叉处进入半地下或高架交叉,互不影响,使其在运行速度、技术水平和服务质量上都有很大提高。在1978年3月,国际公共交通联合会(UITP)在比利时首都布鲁塞尔会议上,确定了新型有轨电车交通的统一名称,即轻型轨道交通,简称轻轨交通(LRT)。20世纪八九十年代,由于环境保护和能源结构问题突出,在经济可持续发展战略方针的指导下,全世界掀起了轻轨交通系统的建设高潮。

2. 中国城市轨道交通发展概况

相对于世界发达国家,中国城市轨道交通建设起步比较晚。有轨电车是我国最早出现的城市轨道交通系统,1900年北京从马家堡到永定门修建了我国第一条有轨电车线路,全长7.5 km,成为中国城市轨道交通发展的开端。而第一条投入运营的地铁是1969年建成的北京地铁一期工程,总计23.6 km。之后我国城市轨道交通建设基本处于停滞状态。从20世纪90年代,我国政府开始加大对城市交通基础设施的投入,并认识到城市轨道交通对解决城市交通问题和引导城市发展的重要作用,发展大容量城市轨道交通方式的理念开始提出。

近年来,在国家拉动内需经济政策的支持和引导下,我国城市轨道交通建设进入繁荣发展时期,并成为世界上最大的城市轨道交通市场。截至2020年末,中国大陆地区有45个城市运营线路总规模达7 969.7 km,同比增长18.3%。其中,22个城市运营线路超过100 km,北京、上海等9个城市运营线路均超过300 km。此外截至2020年年底,全国在建线路总长6 795.5 km,正在实施的规划线路总长7 085.5 km。以上数据均表明,我国正在规划、建设和运营的城市轨道交通持续保持快速增长和发展的趋势。

1.2 城市轨道交通工程全过程环境保护管理的意义

1. 城市轨道交通领域践行习近平生态文明思想的需要

城市轨道交通作为大型基础建设项目,对生态环境有着多方面的影响。党的十八大以来,习近平总书记对生态文明建设和生态环境保护提出一系列新理念、新思想、新战略,形成了习近平生态文明思想,为做好城市轨道交通建设生态环境保护工作提供了重要指引和根本遵循。

首先,生态文明建设需要贯彻落实新发展理念,协同推进经济高质量发展与生态环境高水平保护。习近平总书记强调,“绿水青山就是金山银山”。这深刻揭示了生态环境保护与经济社会发展之间辩证统一的关系,阐明了保护生态环境就是保护生产力、改善生态环境就是发展生产力的道理,丰富和拓展了马克思主义生产力基本原理的内涵,已成为新发展理念的重要组成部分。必须牢固树立和践行绿水青山就是金山银山的理念,坚持走生态优先、绿色发展之路不动摇,推动形成人与自然和谐发展的现代化建设新格局。

其次，生态文明建设应当坚持以人民为中心，满足人民日益增长的优美生态环境需要。习近平总书记强调："良好生态环境是最普惠的民生福祉""环境就是民生，青山就是美丽，蓝天也是幸福""发展经济是为了民生，保护生态环境同样也是为了民生"。这些重要论述，阐明了生态环境在民生改善中的重要地位，是对人民日益增长的优美生态环境需要的积极回应。必须坚持以人民为中心的发展思想，加快改善生态环境质量，提供更多优质生态产品，还老百姓蓝天白云、繁星闪烁，清水绿岸、鱼翔浅底，鸟语花香、田园风光。

生态文明建设还应当完善生态文明制度体系，提升生态环境治理效能。习近平总书记指出："保护生态环境必须依靠制度、依靠法治""让制度成为刚性的约束和不可触碰的高压线"。生态文明制度体系建设，是坚持和完善中国特色社会主义制度、推进国家治理体系和治理能力现代化的重要组成部分。必须加快构建源头预防、过程控制、损害赔偿、责任追究的生态环境保护体系以及党委领导、政府主导、企业主体、社会组织和公众共同参与的现代环境治理体系，把建设美丽中国转化为全民自觉行动。

城市轨道交通的建设极大地满足了人民群众出行需求，促进了国民经济的发展。同时，由于城市轨道交通建设集中在城市区域，建设和运行过程中，不可避免会对周边居民和环境带来负面影响。如何在城市轨道交通领域实践习近平生态文明思想，形成城市轨道交通工程全过程环境保护管理体系，做好环境保护工作，成为城市轨道交通建设领域亟须解决的问题。

2. 为交通强国和都市圈发展保驾护航的需要

2020 年 11 月，《中共中央关于制定国民经济和社会发展第十四个五年规划和二〇三五年远景目标的建议》公布，提出加快建设交通强国，完善综合运输大通道、综合交通枢纽和物流网络，加快城市群和都市圈轨道交通网络化，提高农村和边境地区交通通达深度。2020 年 12 月，国家发改委也公布了《关于推动都市圈市域(郊)铁路加快发展的意见》，提出加强市域(郊)铁路与干线铁路、城际铁路、城市轨道交通一体化衔接。市域(郊)铁路是连接都市圈中心城市城区和周边城镇组团，为通勤客流提供快速度、大运量、公交化运输服务的轨道交通系统；主要布局在经济发达、人口聚集的都市圈内的中心城市，采取灵活编组、高密度、公交化的运输组织方式，重点满足 1 h 通勤圈快速通达出行需求，与干线铁路、城际铁路、城市轨道交通形成网络层次清晰、功能定位合理、衔接一体高效的交通体系。

2020 年，经国务院批准，国家发改委结合"十四五"规划研究，提出拟将京津冀、长三角地区和粤港澳大湾区三大区域城际和市域(郊)铁路作为重大工程纳入"十四五"规划。到 2025 年，我国将基本形成城市群 1～2 h 出行圈和都市圈 1 h 通勤圈。"十四五"期间，三大区域计划新开工城际和市域(市郊)铁路共 1 万 km 左右。发改委会同有关部门已经梳理形成了近 3 年滚动项目清单，拟新开工项目 70 余个，总里程超过 6 000 km。

如此高密度的轨道交通工程建设，又是在城市区域，环境污染和生态破坏在所难免。因此，形成城市轨道交通建设工程标准化的管理规程，提升城市轨道交通建设环保管理水平，对实现我国高质量绿色生态发展，为我国交通强国和都市圈发展战略保驾护航，有着至关重要的作用。

3. 公众环保投诉增多、环保主管部门监管力度加大，需要提升轨道交通建设环保管理水平

近年来，随着社会经济的发展，社会公众在要求生活水平提高的同时，也特别注重生活环境质量的改善。城市轨道交通工程的建设，极大方便了城市居民的出行，但针对此类工程施工带来的环境影响的投诉不断出现，环保公益诉讼案件也不断增多。随着《中华人民共和国环境保护法》《建设项目环境保护管理条例》《中华人民共和国环境影响评价法》《建设项目竣工环境保护验收暂行办法》等环保法律规章的修订，以及国务院《水污染防治行动计划》《大气污染防治行动计划》《土壤污染防治行动计划》《全国集中式饮用水水源地环境保护专项行动方案》等陆续实施，国家和地方环保督查成为常态化管理方式，建设单位面临的环保管理压力在不断加大，环保行政处罚增多。面对新时期环境保护管理形式，城市轨道交通建设领域需要改变以往的环保观念，创新环保管理制度和模式，提升环保管理水平。

4. 城市轨道交通建设领域环保管理标准化建设的需要

城市轨道交通工程的全过程环境保护管理工作，除了依据《中华人民共和国环境影响评价法》《建设项目环境保护管理条例》《建设项目竣工环境保护验收暂行办法》等国家法律法规，地方和行业也制定了部分的法规、规章和制度。但项目建设单位和其他参建方，尚缺乏具体可操作的环保工作技术规范和标准，对自己的环保责任不清楚，环保工作的具体落实存在疏漏。

经过我国多年城市轨道交通的发展，在工程环境保护管理实践方面，建设单位和各参建方均作出了大量工作，积累了很多经验教训，但这些经验缺乏成体系的梳理与总结，存在环保责任的落实主体不明确的问题；环保工作没有明确的管理和考核制度依据，环保工作有疏漏，存在随意性的问题；环保管理模式不健全，项目环评阶段、施工阶段和验收阶段，各实施主体不同，缺乏全过程环保工作的思路，导致环保措施的提出和落实出现偏差，前期环保措施提出过高要求，后期无法落实，影响环保验收。因此，从管理实践上来说，有必要系统整理总结前期工作经验教训，明确各方环保责任，并分解落实，形成环境保护管理和考核制度，创新环保管理模式，建立标准化的环境保护管理体系，使各方环保工作的落实有据可依。

5. 城市轨道交通项目生态环境敏感性的需要

城市轨道交通项目对沿线生态环境往往有着较大的影响。以南京至句容城际轨道交通工程为例，南京至句容城际轨道交通工程线路全长43.70 km，全线共设车站13座，设句容车辆段和东郊小镇停车场各1座，新建汤山和句容2座主变电所。项目兼有高架、地面、地下形式，工程组成复杂；目前，国内地铁行车速度普遍在80 km/h左右，本工程列车最高运行速度达120 km/h，运行速度高，环境影响大；工程线路穿越城市建成区，人口密集，影响范围广；项目涉及大连山—青龙山水源涵养区二级管控区、汤山国家地质公园二级管控区、历史文化名城保护区，涉及邓演达烈士殉难处、南京外郭城墙（遗址）、古泉渡槽、汤山工人疗养院、城上材遗址共5处文物保护单位，环境敏感程度高。由于南京至句容城际轨道交通工程复杂、环境影响大、影响范围广、环境敏感程度高的特点，需要加强生态环保技术的研究，解决面临的生态环保问题，确保项目建设对生态环保的影响最小。

鉴于国家对生态文明建设的要求不断加强，公众环保维权意识的增强，以及城市轨道交通环境保护行业发展和标准化建设的要求，需要系统总结城市轨道交通建设项目环境保护管理的各项问题，形成城市轨道交通建设项目环境保护管理体系，为工程的建设提供可靠依据。

1.3 城市轨道交通建设工程环境保护存在的问题

1. 环境保护管理制度概况及问题

城市轨道交通工程的环境保护管理工作，主要依据《中华人民共和国环境影响评价法》《建设项目环境保护管理条例》《建设项目竣工环境保护验收暂行办法》等法律法规和技术规范。同时，针对我国的环境污染问题，国务院相继出台了《大气污染防治行动计划》（国发〔2013〕37号）、《水污染防治行动计划》（国发〔2015〕17号）、《土壤污染防治行动计划》（国发〔2016〕31号）等文件。各省也相继出台一系列环境污染治理的相关法规，如江苏省和南京市分别发布《江苏省大气污染防治条例》《省政府关于印发江苏省大气污染防治行动计划实施方案的通知》《省住房城乡建设厅关于印发江苏省建筑工地施工扬尘治理工作方案的通知》《南京市大气污染防治条例（2012年修正）》《南京市扬尘污染防治管理办法》《江苏省环境噪声污染防治条例》《南京市水环境保护条例》《江苏省固体废物污染环境防治条例》《关于切实加强危险废物监管工作的意见》《关于进一步严格加强渣土管理工作的意见》《南京市工程施工现场管理规定》等法规，对工程施工现场扬尘管控、废水排放、渣土运输、噪声控制、生态保护等方面的要求明显提高。国家和地方环保督查工作强度加大，环保责任的履行显得尤为迫切。

国家、地方和行业制定了比较完善的规章制度，这些要求的落实，需要项目建设单位和相关方细化到具体的行动上。目前,项目建设单位和相关方并未对自己的环保责任进行系统的梳理和责任分解落实,也未制定具体可操作的环保工作技术规范和管理考核制度,导致环保工作的落实存在疏漏,随意性比较大。

2. 环境保护管理实践概况及问题

除了依照现有环境保护法律法规开展环境影响评价、施工环境保护管理、环保验收等工作之外,2010 年以来,我国先后在辽宁、江苏、河北、新疆等地试点施工期环境监理工作,积累了大量环境监理实践经验,有利促进了施工期环境保护管理工作。在城市轨道交通建设工程施工期环境保护管理方面,建设单位和各参建方也同样作出了大量的工作,不过与其他行业和领域相比,仍然存在缺乏体系性的问题。包括:

(1)没有全面系统的研究国家、地方和城市轨道交通行业的法律法规和规章制度;建设单位对环保责任的履行,缺乏统一的梳理,未将自己履行的环保责任分解到各参建方,承担较大的环保追责压力。

(2)环保工作有开展,但没有明确的管理和考核制度依据,环保工作有疏漏,存在随意性。

(3)城市轨道交通项目环评阶段、施工阶段和验收阶段,各实施主体不同,缺乏全过程环保工作的思路,导致环保措施的提出和落实出现偏差,前期环保措施提出过高要求,后期无法落实,影响环保验收,环保管理工程模式需要优化。

(4)环境保护工作是一项专业技术工作,城市轨道交通项目建设单位和各参与方缺乏专业技术人员,对工程实施过程中的环境污染控制和生态保护工作的落实,缺少技术支撑,环保工作落实不到位。

3. 环境保护研究概况及问题

在轨道交通建设工程环境保护方面,国内目前已有不少相关研究,但也存在一定的问题,主要包括:

(1)当前研究对城市轨道交通工程的环境影响评价、环境影响和保护措施、环保管理模式、环保验收注意的问题等方面,提出了有益的观点,但是这些研究只集中在单一环境要素或环节上,并没有从全过程环境保护的角度,进行系统性、体系化的研究,导致提出的各项措施难以有效落实。

(2)对各参建单位的环保责任、环保管理制度方面研究不够,没有提出切实可行的环境保护管理模式和制度。

2 城市轨道交通建设工程环境污染防治和生态保护技术

2.1 扬尘污染

2.1.1 扬尘污染特征

1. 扬尘的来源及影响因素

(1)扬尘的来源

施工扬尘主要来源有现场车辆、施工机械、露天堆放或裸露场地、风力及人为活动引起施工现场的扬尘排放,主要成分为黄土、水泥、砂子等密度、粒径大的粉尘。

不同施工阶段的施工工地,施工扬尘的主要来源可能存在差异。根据城市轨道建设施工工艺的特点,可以从基坑围护工程、土方工程、区间工程、地基处理工程和相关工程五个方面,对地铁工程不同施工节点产生扬尘的不同施工活动进行全面识别,见表2.1。

表2.1 城市轨道交通建设工程扬尘产生环节

序 号	分部工程	主要施工活动(扬尘来源)
1	基坑围护工程	围护桩头、墙头剔凿
2		人工挖孔桩:干孔施工
3		深层搅拌桩、悬喷桩
4		钻孔灌注桩
5		地下连续墙
6		柱间网喷混凝土
7		土方装卸、运输
8	土方工程	土方外运及场内转运
9		土方开挖
10		土方回填、顶板覆土回填
11	区间工程	端头加固施工
12		联络通道加固施工
13		土方外运
14		隧道明挖、暗挖土方

续上表

序　　号	分 部 工 程	主要施工活动(扬尘来源)
15	地基处理工程	注浆地基
16		灰土地基
17		粉煤灰地基
18		强夯地基
19		土和灰土挤密桩地基
20		水泥粉煤灰碎石桩地基
21	相关工程	场地平整
22		建(构)筑物拆迁
23		保通路路基施工
24		绿化迁移
25		管线(道)迁改

(2)影响扬尘产生的因素

轨道交通工程施工扬尘源的产生强度、扬尘的粒度分布取决于土层、施工作业参数和产生扬尘的面积。在不同施工阶段中,分析扬尘产生的污染特征如下:

①土石方工程的扬尘污染

该阶段的挖掘搬运施工、现场石料切割加工、推土平地施工、夯土压实施工、石料摊铺等工序均会对现场裸土、岩石等造成扰动,引起施工作业表面的击发、粉碎和磨损,产生人力和机械力扬尘,并借助人造风和自然风的传输形成扬尘扩散。若土壤含水率较低,空气湿度较小,日照又强烈的情况下,很容易导致扬尘,当施工时风速较大,则会导致扬尘污染的范围扩大。

同时,以上施工作业是建筑施工过程中涉及施工机械种类最多的阶段,各种施工机械的转移、搬运作业也在裸露岩土表面会形成扬尘。施工场内洒落的土料,在风吹日晒及车辆碾压后又会产生二次扬尘污染。

②基础工程的扬尘污染

工程期间,大量水泥、砂石、黏土砖、钢筋、木材等建筑材料被运进施工现场,而且人员活动较频繁,有大量建筑材料在现场处理,如果没有及时有效的抑尘措施或不采用湿法作业,地面可能沉积水泥、砂石和土壤等的混合物,当人和车经过以及风力较大时就会产生扬尘。随着路面清洁、风蚀以及雨水冲刷,路面积尘状况有所好转。综上所述,在此阶段物料运输和装卸是主要扬尘来源。由于基坑的大部分处于裸露状态,因此还会造成裸露地面的风蚀扬尘。

③主体结构工程的扬尘污染

主体结构施工主要包括砌筑工程和钢筋混凝土工程，在建设过程中需要大量的建筑材料，如钢筋、商用混凝土、砌块、水泥、砂石、石灰等，所以此时场内大型车辆往来频繁。由于工程中大多采用预拌砂浆和商品混凝土，故材料的加工操作产生的扬尘较少。因此在主体结构施工阶段中，工地内部主要的扬尘直接来源为车辆通行扬尘，需要注意的是此阶段的施工道路已不存在非铺装道路。如果建材在运输过程中遗撒，还会造成路面积尘的风蚀扬尘。虽然相较于其他阶段的主体建设阶段的扬尘污染较轻，但是由于地铁工程主体施工的时间较长，综合对比起来此阶段产生的扬尘污染也是不容忽视的。

④渣土及建筑材料运输扬尘污染

由于施工工地多采用重型卡车进行转移运输，因此非常容易对固化(Paved road)或未固化道路(Unpaved road)产生较大的扰动。在运输车辆的冲击、摩擦、碾压、颠簸作用下使路面龟裂，形成皱折和坑穴等，皱折、坑穴周围的路面强度较低，因而更容易继续被破坏，皱折、坑穴中尘土积累现象严重容易产生扬尘。其影响程度视施工场地内路面情况而定，一般扬尘量与汽车速度、汽车总量、道路表面积尘量成正比关系。

运送土料与生石灰的运输车辆如不采取有效的遮盖措施，在行车中很难避免所装物料沿途撒落而加剧扬尘产生。此外，运输车辆从施工现场开出时车轮及车身往往沾有泥土，若不进行清洗，可能将干结的泥土带入城市道路，影响城市道路卫生并造成二次扬尘污染。

⑤临时堆存场扬尘污染

受施工场地及施工进度安排等因素的影响，施工场地内不可避免地会有土石方临时露天堆放、建筑材料堆场及以裸露场地产生的扬尘。土石方临时堆放属于开放连续性尘源，产生点多、涉及面大，在堆场的堆放及装卸过程中因受到风力和机械力(如车辆经过)时会产生浓度较大的粉尘。扬尘浓度的大小除跟自身起尘特性有关外，还受风力、空气湿度、车辆行驶速度、荷载等因素的影响。

各施工活动产生的扬尘，在空气中的传播扩散情况与风速等气象条件有关，也与尘粒本身的沉降速度有关，尘粒的沉降速度随粒径的增大而迅速增大。

2. 扬尘的传输规律及影响因素分析

扬尘产生以后，在迁移过程中主要受扬尘颗粒自身重力、风速、空气浮力、空气湿度等因素的影响。依据轨道交通工程施工工地扬尘产生来源的特征分析，由于轨道交通工程施工场地均为四周围挡封闭施工的方式，其产生的扬尘扩散多是一种在静态流场中的瞬时点源、瞬时面源及连续点源的扩散状态。

以南京至句容城际轨道交通工程为例，为了解场区施工开挖扬尘产生后，场区内及场区周边扬尘浓度情况，对该工程 01 标二工区工地明挖期间进行了研究。二工区围挡总面积为 7 072 m²，东西长约 128 m，南北长约 58 m。该工程历经春夏秋冬四个季节，在主导风向和无风天气情况下，进行了 3 种情景（无措施、雾炮措施、喷淋措施）的监测试验。监测时，本项目所在地的春季主导风向为东风，夏季主导风向为东南风，秋冬季主导风向均为东北风。

本次试验监测采用网格化交换机监测系统，在 01 标二工区场区内设置10 m×10 m 的网格化监测点，共设置 91 个监测点位，对土方开挖时不同天气场区内的扬尘浓度进行同步监测。

网格化环境监测系统是一款提供多参数环境空气实时监测服务的系统，由采样装置、监测模块、数据采集和传输模块组成，是一个高度集成化的监测系统，一体化设计、安装、架设都很简单，设备数据实时云端监测存储，可以实现横向、竖向细化环境监测网络。

1 号试验为开挖时无任何降尘措施进行的模拟试验；2 号试验为在开挖时仅雾炮机同时开启进行的模拟试验；3 号试验为在开挖时仅厂界喷淋开启进行的模拟试验。试验采样点位图如图 2.1 所示。

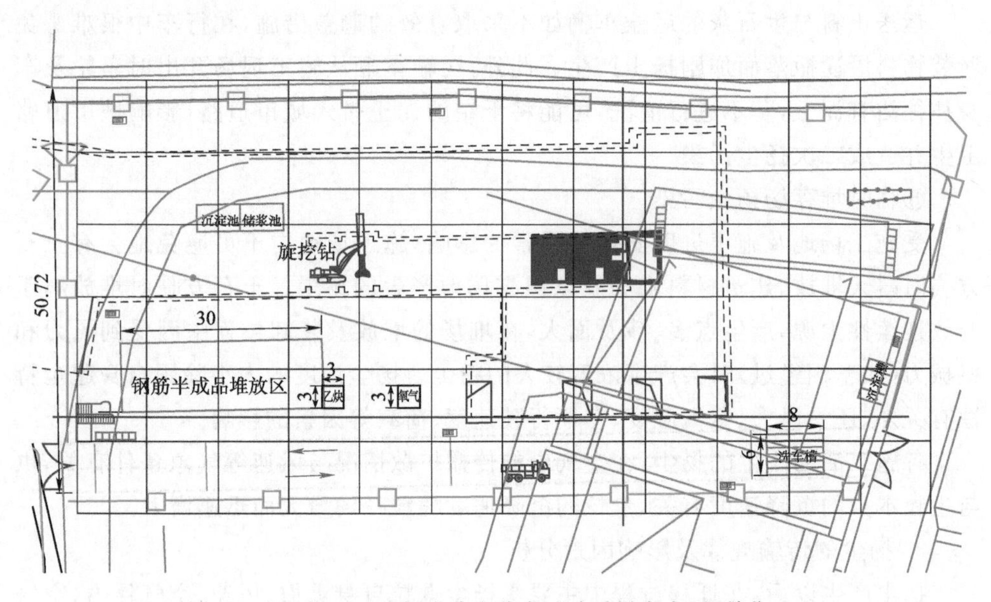

图 2.1 01 标二工区扬尘浓度分布试验采样布点图（单位：m）

本次试验以土方开挖点为原点（0,0），构建二维坐标，其西侧、北侧为负，东侧、南侧为正。

01 标二工区各网格点的扬尘浓度结果见表 2.2～表 2.6；其场区内浓度分布如图 2.2～图 2.6 所示。

表 2.2　无风天气下 01 标二工区施工场地 PM_{10} 浓度分布情况　（单位：mg/m³）

无风无措施													
南北向距离（m）	东西向距离（m）												
	-40	-30	-20	-10	0	10	20	30	40	50	60	70	80
30	0.376	0.561	0.661	0.661	0.698	0.652	0.598	0.498	0.351	0.351	0.251	0.151	0.101
20	0.419	0.688	0.688	0.688	0.888	0.673	0.625	0.622	0.416	0.316	0.216	0.160	0.109
10	0.522	0.685	0.685	0.685	0.885	0.668	0.623	0.624	0.463	0.363	0.263	0.163	0.113
0	0.482	0.655	0.655	0.725	0.988	0.660	0.687	0.632	0.449	0.349	0.249	0.149	0.119
-10	0.511	0.589	0.689	0.719	0.836	0.591	0.605	0.618	0.435	0.335	0.235	0.135	0.115
-20	0.435	0.652	0.679	0.698	0.895	0.678	0.598	0.624	0.446	0.325	0.208	0.148	0.108
-30	0.311	0.537	0.658	0.671	0.725	0.663	0.622	0.558	0.368	0.312	0.198	0.129	0.104
无风雾炮措施													
南北向距离（m）	东西向距离（m）												
	-40	-30	-20	-10	0	10	20	30	40	50	60	70	80
30	0.155	0.231	0.272	0.272	0.149	0.269	0.246	0.205	0.272	0.145	0.103	0.062	0.042
20	0.174	0.284	0.215	0.215	0.098	0.211	0.196	0.257	0.215	0.131	0.090	0.066	0.045
10	0.215	0.282	0.213	0.145	0.089	0.141	0.194	0.256	0.145	0.149	0.108	0.067	0.046
0	0.201	0.270	0.204	0.154	0.119	0.140	0.214	0.260	0.154	0.145	0.104	0.062	0.050
-10	0.213	0.244	0.217	0.155	0.134	0.127	0.191	0.256	0.155	0.140	0.098	0.056	0.048
-20	0.182	0.271	0.213	0.151	0.134	0.146	0.187	0.260	0.151	0.136	0.087	0.062	0.045
-30	0.130	0.224	0.272	0.211	0.149	0.208	0.258	0.233	0.211	0.131	0.083	0.054	0.044
无风厂界喷淋措施													
南北向距离（m）	东西向距离（m）												
	-40	-30	-20	-10	0	10	20	30	40	50	60	70	80
30	0.083	0.123	0.145	0.145	0.168	0.143	0.155	0.139	0.074	0.074	0.053	0.032	0.021
20	0.105	0.289	0.289	0.289	0.435	0.249	0.213	0.199	0.129	0.098	0.067	0.050	0.027
10	0.110	0.349	0.349	0.349	0.451	0.254	0.280	0.212	0.157	0.123	0.089	0.055	0.027
0	0.125	0.275	0.275	0.305	0.514	0.224	0.316	0.291	0.148	0.115	0.082	0.049	0.027
-10	0.138	0.253	0.293	0.306	0.435	0.201	0.272	0.278	0.139	0.107	0.075	0.043	0.025
-20	0.113	0.287	0.292	0.300	0.456	0.231	0.275	0.281	0.152	0.104	0.067	0.047	0.027
-30	0.084	0.118	0.165	0.168	0.189	0.159	0.168	0.156	0.081	0.066	0.044	0.030	0.025

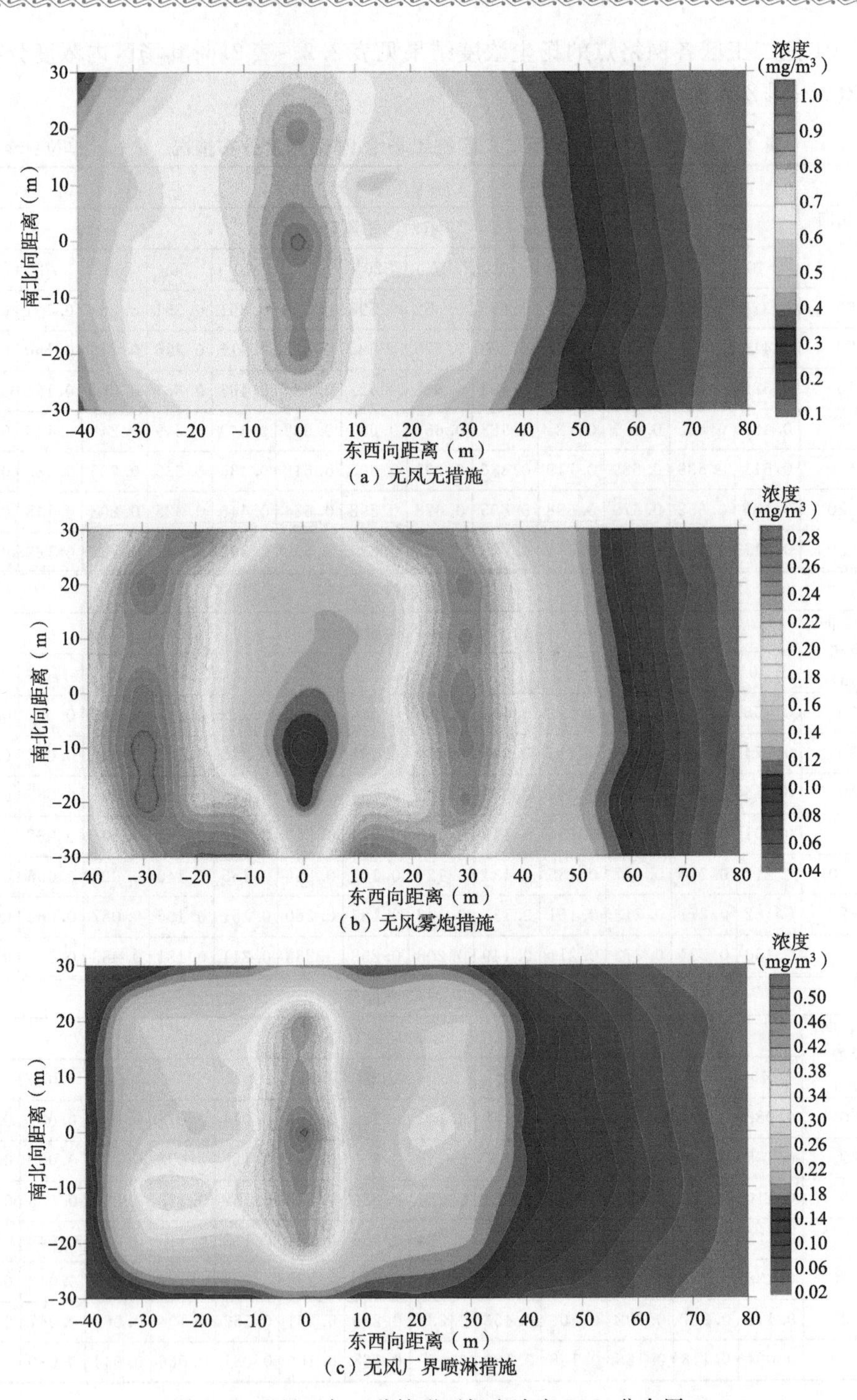

(a) 无风无措施

(b) 无风雾炮措施

(c) 无风厂界喷淋措施

图 2.2　无风天气三种情形下扬尘浓度 PM_{10} 分布图

表 2.3 春季东风天气下 01 标二工区施工场地 PM_{10} 浓度分布情况 （单位：mg/m^3）

春季东风无措施													
南北向距离(m)	东西向距离(m)												
	-40	-30	-20	-10	0	10	20	30	40	50	60	70	80
30	0.396	0.581	0.761	0.861	0.718	0.642	0.578	0.478	0.321	0.315	0.241	0.141	0.098
20	0.429	0.728	0.788	0.888	0.898	0.663	0.605	0.522	0.406	0.306	0.206	0.152	0.104
10	0.532	0.735	0.785	1.185	0.895	0.658	0.613	0.524	0.443	0.333	0.226	0.153	0.103
0	0.502	0.755	0.765	1.225	0.985	0.656	0.657	0.532	0.429	0.329	0.219	0.139	0.104
-10	0.531	0.689	0.789	1.129	0.886	0.581	0.585	0.518	0.415	0.315	0.214	0.131	0.105
-20	0.455	0.752	0.779	0.998	0.915	0.658	0.588	0.524	0.426	0.305	0.188	0.138	0.098
-30	0.411	0.637	0.758	0.971	0.825	0.643	0.582	0.518	0.328	0.302	0.194	0.119	0.094
春季东风雾炮措施													
南北向距离(m)	东西向距离(m)												
	-40	-30	-20	-10	0	10	20	30	40	50	60	70	80
30	0.348	0.474	0.541	0.357	0.115	0.575	0.519	0.477	0.321	0.315	0.241	0.141	0.098
20	0.378	0.587	0.482	0.368	0.126	0.593	0.538	0.469	0.405	0.305	0.206	0.152	0.104
10	0.432	0.592	0.480	0.161	0.107	0.590	0.544	0.470	0.442	0.332	0.225	0.153	0.103
0	0.409	0.612	0.469	0.175	0.108	0.587	0.584	0.477	0.423	0.324	0.216	0.137	0.102
-10	0.433	0.561	0.484	0.164	0.106	0.519	0.519	0.465	0.415	0.315	0.214	0.131	0.105
-20	0.371	0.608	0.541	0.444	0.119	0.588	0.521	0.470	0.425	0.304	0.188	0.138	0.095
-30	0.335	0.511	0.541	0.423	0.124	0.574	0.515	0.458	0.327	0.301	0.194	0.119	0.092
春季东风厂界喷淋措施													
南北向距离(m)	东西向距离(m)												
	-40	-30	-20	-10	0	10	20	30	40	50	60	70	80
30	0.036	0.122	0.137	0.155	0.172	0.141	0.145	0.120	0.122	0.135	0.094	0.055	0.028
20	0.039	0.175	0.189	0.213	0.251	0.212	0.206	0.183	0.195	0.147	0.099	0.073	0.031
10	0.053	0.206	0.220	0.308	0.242	0.216	0.202	0.194	0.208	0.157	0.106	0.072	0.028
0	0.075	0.189	0.191	0.343	0.315	0.210	0.197	0.192	0.193	0.148	0.099	0.063	0.031
-10	0.085	0.152	0.174	0.248	0.230	0.198	0.184	0.192	0.183	0.139	0.094	0.058	0.032
-20	0.071	0.177	0.179	0.230	0.229	0.221	0.187	0.193	0.187	0.134	0.082	0.060	0.025
-30	0.061	0.127	0.130	0.187	0.210	0.120	0.157	0.140	0.125	0.131	0.068	0.042	0.024

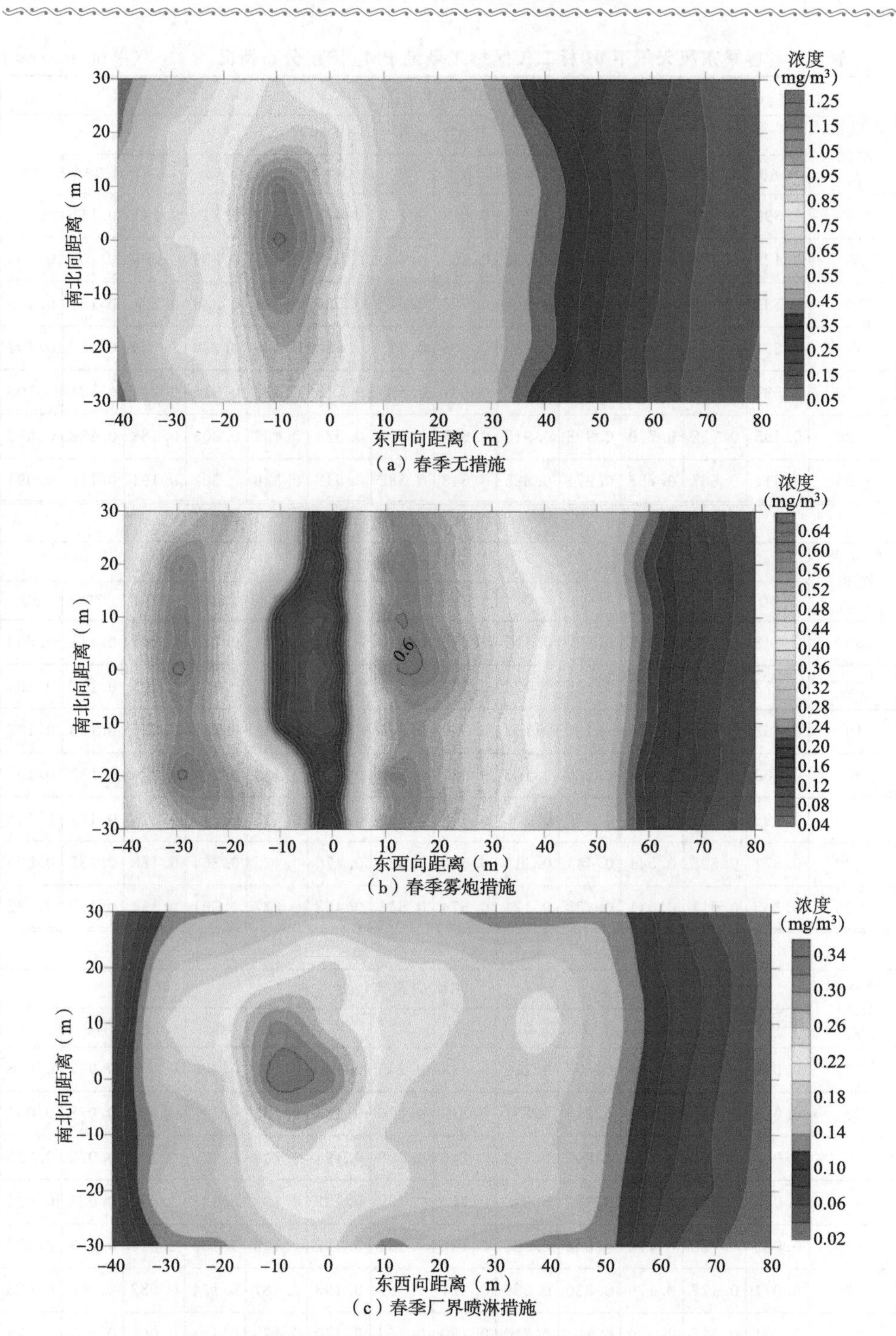

图 2.3　春季东风天气三种情形下扬尘浓度 PM_{10} 分布图

表 2.4 夏季东南风天气下 01 标二工区施工场地 PM_{10} 浓度分布情况 （单位：mg/m^3）

夏季东南风无措施

南北向距离（m）	东西向距离（m）												
	−40	−30	−20	−10	0	10	20	30	40	50	60	70	80
30	1.106	1.261	1.261	1.261	0.698	0.652	0.448	0.319	0.215	0.115	0.105	0.055	0.035
20	1.119	1.268	1.268	1.268	0.758	0.573	0.435	0.322	0.216	0.116	0.106	0.056	0.036
10	1.052	1.125	1.125	1.125	0.775	0.575	0.436	0.324	0.213	0.113	0.103	0.053	0.033
0	0.752	0.765	0.765	0.765	0.982	0.522	0.421	0.321	0.209	0.109	0.099	0.059	0.029
−10	0.681	0.689	0.689	0.689	0.636	0.512	0.418	0.318	0.208	0.108	0.088	0.058	0.028
−20	0.568	0.652	0.606	0.645	0.615	0.498	0.398	0.308	0.198	0.105	0.078	0.059	0.025
−30	0.512	0.643	0.625	0.636	0.608	0.465	0.359	0.305	0.185	0.103	0.058	0.055	0.026

夏季东南风雾炮措施

南北向距离（m）	东西向距离（m）												
	−40	−30	−20	−10	0	10	20	30	40	50	60	70	80
30	0.407	0.444	0.521	0.460	0.221	0.402	0.321	0.233	0.460	0.115	0.105	0.055	0.035
20	0.412	0.444	0.538	0.439	0.238	0.355	0.313	0.232	0.439	0.116	0.106	0.056	0.036
10	0.380	0.394	0.519	0.389	0.245	0.355	0.313	0.233	0.389	0.113	0.103	0.053	0.033
0	0.351	0.314	0.468	0.329	0.137	0.331	0.309	0.236	0.329	0.107	0.098	0.058	0.029
−10	0.311	0.380	0.387	0.355	0.203	0.328	0.309	0.234	0.355	0.108	0.088	0.058	0.028
−20	0.262	0.327	0.310	0.332	0.202	0.316	0.293	0.227	0.332	0.105	0.078	0.059	0.024
−30	0.236	0.322	0.351	0.327	0.200	0.295	0.264	0.224	0.327	0.103	0.058	0.055	0.025

夏季东南风厂界喷淋措施

南北向距离（m）	东西向距离（m）												
	−40	−30	−20	−10	0	10	20	30	40	50	60	70	80
30	0.100	0.101	0.101	0.101	0.098	0.098	0.081	0.070	0.082	0.040	0.041	0.021	0.010
20	0.101	0.304	0.304	0.304	0.212	0.212	0.170	0.158	0.104	0.056	0.051	0.027	0.011
10	0.105	0.315	0.315	0.315	0.209	0.219	0.209	0.152	0.100	0.053	0.048	0.025	0.009
0	0.113	0.191	0.191	0.191	0.314	0.230	0.206	0.148	0.094	0.049	0.045	0.027	0.009
−10	0.109	0.152	0.152	0.152	0.165	0.174	0.196	0.149	0.092	0.048	0.039	0.026	0.008
−20	0.088	0.153	0.139	0.148	0.154	0.167	0.191	0.144	0.087	0.046	0.034	0.026	0.006
−30	0.076	0.125	0.108	0.123	0.155	0.086	0.097	0.082	0.070	0.045	0.020	0.019	0.007

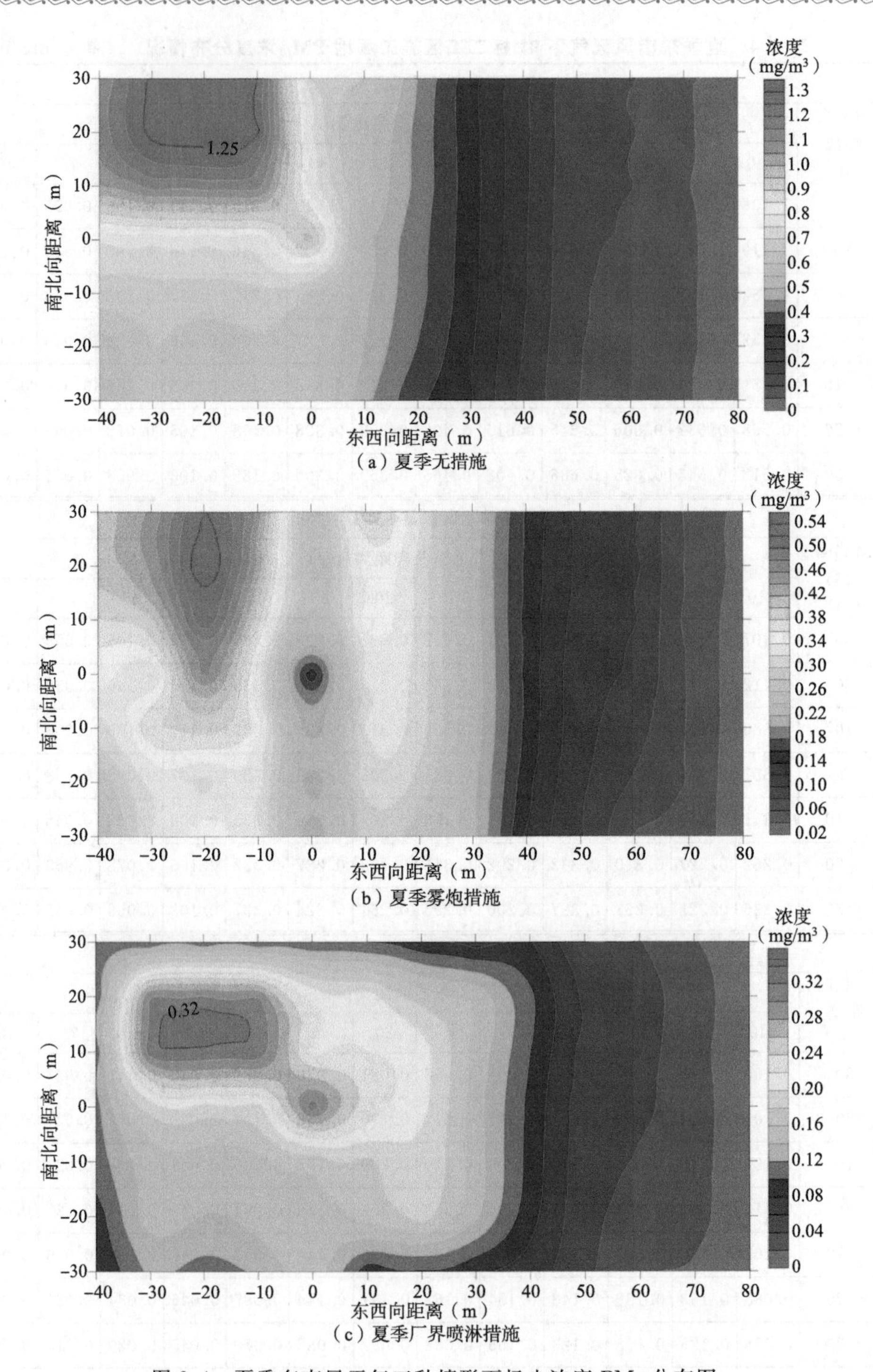

（a）夏季无措施

（b）夏季雾炮措施

（c）夏季厂界喷淋措施

图 2.4 夏季东南风天气三种情形下扬尘浓度 PM_{10} 分布图

表 2.5　秋季东北风天气下 01 标二工区施工场地浓度 PM_{10} 分布情况　（单位：mg/m^3）

秋季东北风无措施													
南北向距离（m）	东西向距离（m）												
	−40	−30	−20	−10	0	10	20	30	40	50	60	70	80
30	0.506	0.508	0.489	0.484	0.518	0.525	0.416	0.312	0.307	0.201	0.157	0.101	0.047
20	0.689	0.588	0.598	0.568	0.698	0.531	0.405	0.302	0.289	0.198	0.158	0.098	0.018
10	0.992	1.015	1.005	0.985	0.715	0.498	0.431	0.295	0.292	0.202	0.102	0.101	0.025
0	1.028	1.105	1.085	1.125	0.925	0.496	0.407	0.312	0.304	0.194	0.094	0.106	0.029
−10	1.016	1.109	1.159	1.139	0.664	0.515	0.445	0.308	0.301	0.195	0.095	0.104	0.031
−20	1.099	1.106	1.135	1.145	0.629	0.509	0.425	0.288	0.295	0.199	0.11	0.101	0.028
−30	1.099	1.098	1.014	1.158	0.618	0.508	0.429	0.278	0.286	0.196	0.106	0.088	0.017
秋季东北风雾炮措施													
南北向距离（m）	东西向距离（m）												
	−40	−30	−20	−10	0	10	20	30	40	50	60	70	80
30	0.237	0.262	0.299	0.298	0.112	0.355	0.287	0.311	0.307	0.201	0.157	0.101	0.047
20	0.322	0.298	0.336	0.262	0.149	0.366	0.279	0.271	0.288	0.198	0.158	0.098	0.018
10	0.458	0.311	0.313	0.331	0.152	0.343	0.297	0.265	0.291	0.201	0.102	0.101	0.025
0	0.376	0.344	0.448	0.330	0.195	0.342	0.280	0.280	0.299	0.191	0.093	0.104	0.029
−10	0.463	0.390	0.479	0.279	0.141	0.355	0.306	0.276	0.301	0.195	0.095	0.104	0.031
−20	0.397	0.387	0.482	0.291	0.134	0.351	0.293	0.258	0.294	0.199	0.110	0.101	0.027
−30	0.397	0.384	0.468	0.389	0.133	0.350	0.380	0.246	0.285	0.195	0.106	0.088	0.017
秋季东北风厂界喷淋措施													
南北向距离（m）	东西向距离（m）												
	−40	−30	−20	−10	0	10	20	30	40	50	60	70	80
30	0.051	0.061	0.059	0.058	0.083	0.131	0.108	0.109	0.120	0.078	0.061	0.039	0.018
20	0.069	0.123	0.126	0.119	0.126	0.196	0.158	0.118	0.110	0.075	0.060	0.037	0.007
10	0.099	0.294	0.291	0.286	0.164	0.174	0.164	0.109	0.108	0.075	0.038	0.037	0.009
0	0.093	0.298	0.293	0.304	0.268	0.174	0.159	0.144	0.112	0.076	0.037	0.040	0.008
−10	0.081	0.299	0.313	0.308	0.193	0.175	0.165	0.142	0.113	0.076	0.037	0.040	0.009
−20	0.088	0.299	0.306	0.309	0.176	0.178	0.164	0.078	0.089	0.058	0.041	0.037	0.008
−30	0.088	0.110	0.101	0.116	0.105	0.097	0.116	0.075	0.083	0.057	0.031	0.026	0.005

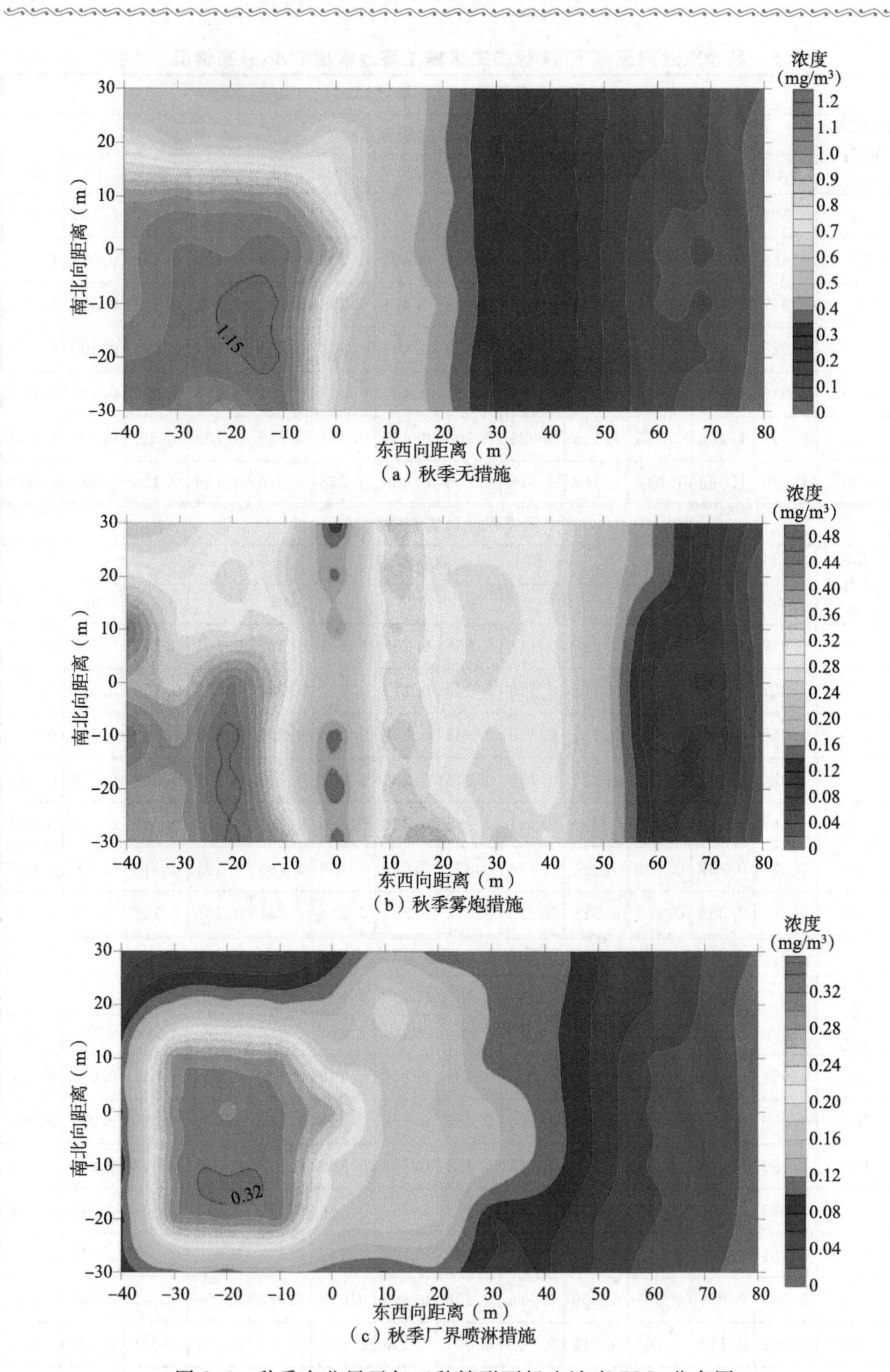

图 2.5 秋季东北风天气三种情形下扬尘浓度 PM_{10} 分布图

表 2.6 冬季东北风天气下 01 标二工区施工场地浓度 PM_{10} 分布情况 （单位：mg/m^3）

冬季东北风无措施													
南北向距离（m）	东西向距离（m）												
	−40	−30	−20	−10	0	10	20	30	40	50	60	70	80
30	0.506	0.508	0.489	0.484	0.518	0.525	0.416	0.312	0.307	0.201	0.157	0.101	0.047
20	0.689	0.588	0.598	0.568	0.698	0.531	0.405	0.302	0.289	0.198	0.158	0.098	0.018
10	0.992	1.015	1.005	0.985	0.715	0.498	0.431	0.295	0.292	0.202	0.102	0.101	0.025
0	1.028	1.105	1.085	1.125	0.925	0.496	0.407	0.312	0.304	0.194	0.094	0.106	0.029
−10	1.016	1.109	1.159	1.139	0.664	0.515	0.445	0.308	0.301	0.195	0.095	0.104	0.031
−20	1.099	1.106	1.135	1.145	0.629	0.509	0.425	0.288	0.295	0.199	0.11	0.101	0.028
−30	1.099	1.098	1.014	1.158	0.618	0.508	0.429	0.278	0.286	0.196	0.106	0.088	0.017
冬季东北风雾炮措施													
南北向距离（m）	东西向距离（m）												
	−40	−30	−20	−10	0	10	20	30	40	50	60	70	80
30	0.237	0.262	0.299	0.298	0.112	0.355	0.287	0.311	0.307	0.201	0.157	0.101	0.047
20	0.322	0.298	0.336	0.262	0.149	0.366	0.279	0.271	0.288	0.198	0.158	0.098	0.018
10	0.458	0.311	0.313	0.331	0.152	0.343	0.297	0.265	0.291	0.201	0.102	0.101	0.025
0	0.376	0.344	0.448	0.330	0.195	0.342	0.280	0.280	0.299	0.191	0.093	0.104	0.029
−10	0.463	0.390	0.479	0.279	0.141	0.355	0.306	0.276	0.301	0.195	0.095	0.104	0.031
−20	0.397	0.387	0.482	0.291	0.134	0.351	0.293	0.258	0.294	0.199	0.110	0.101	0.027
−30	0.397	0.384	0.468	0.389	0.133	0.350	0.380	0.246	0.285	0.195	0.106	0.088	0.017
冬季东北风厂界喷淋措施													
南北向距离（m）	东西向距离（m）												
	−40	−30	−20	−10	0	10	20	30	40	50	60	70	80
30	0.051	0.061	0.059	0.058	0.083	0.131	0.108	0.109	0.120	0.078	0.061	0.039	0.018
20	0.069	0.123	0.126	0.119	0.126	0.196	0.158	0.118	0.110	0.075	0.060	0.037	0.007
10	0.099	0.294	0.291	0.286	0.164	0.174	0.164	0.109	0.108	0.075	0.038	0.037	0.009
0	0.093	0.298	0.293	0.304	0.268	0.174	0.159	0.144	0.112	0.076	0.037	0.040	0.008
−10	0.081	0.299	0.313	0.308	0.193	0.175	0.165	0.142	0.113	0.076	0.037	0.040	0.009
−20	0.088	0.299	0.306	0.309	0.176	0.178	0.164	0.078	0.089	0.058	0.041	0.037	0.008
−30	0.088	0.110	0.101	0.116	0.105	0.097	0.116	0.075	0.083	0.057	0.031	0.026	0.005

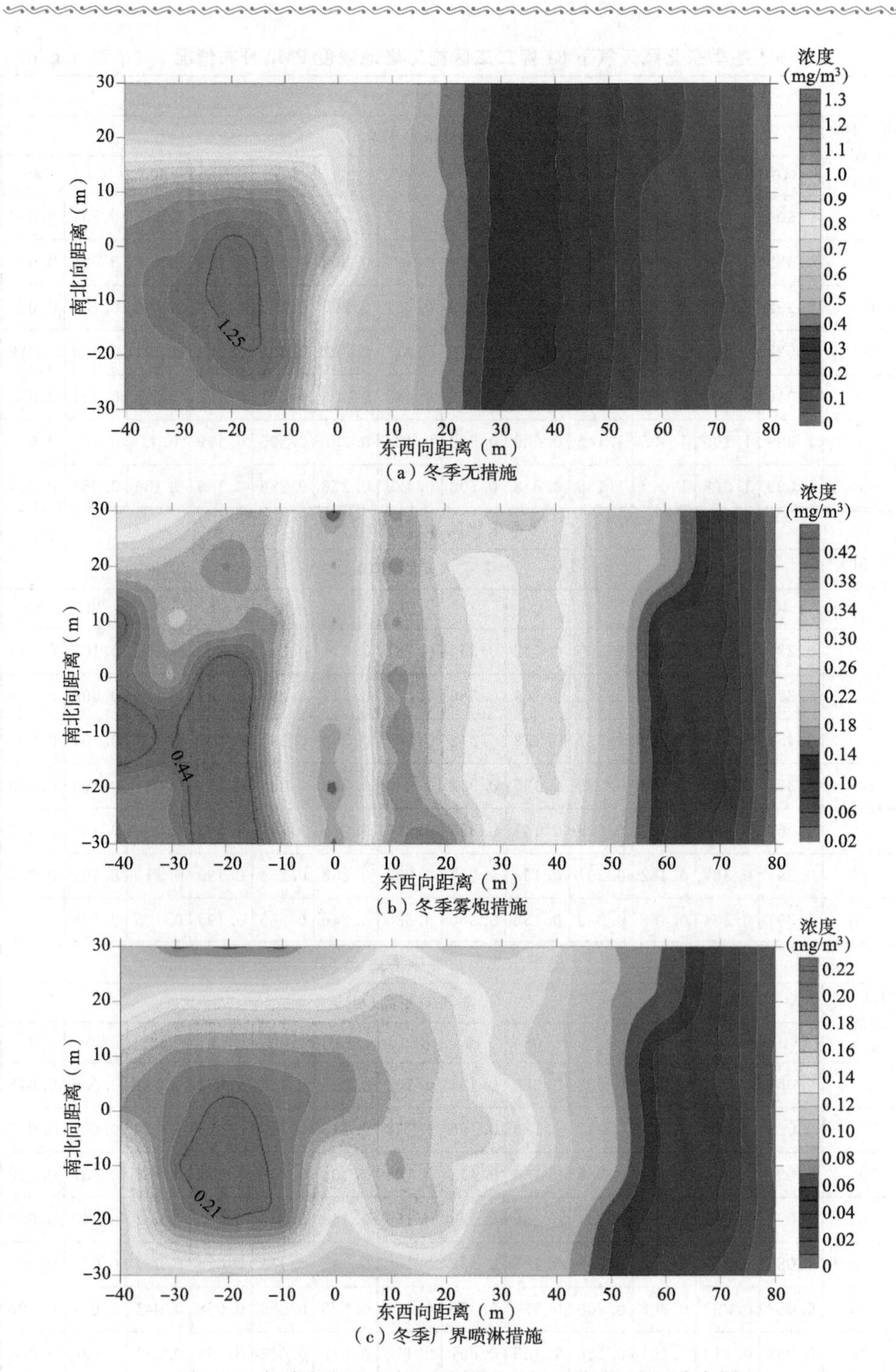

图 2.6 冬季东北风天气三种情形下扬尘浓度 PM_{10} 分布图

根据上述试验结果，施工扬尘扩散规律及影响因素主要有以下几个方面：

(1)扬尘扩散对其近源处的影响要远远大于对其远源处的影响，且随着距离的增大扬尘能够在更大的空间里混合，稀释浓度逐渐减小有利于减轻其对大气环境的不利影响。

(2)在有风时尘源附近扬尘扩散程度很小，且距源强约 10 m 范围内有明显的高浓度区，扬尘颗粒向下风向扩散。

(3)粒径较大的颗粒物浓度受气象要素的影响较明显，随风速增加，扬尘浓度显著升高；小粒径颗粒物受天气条件的影响不明显，湿度、风速变化对扬尘浓度的影响较小。

(4)雾炮开启时，扬尘沉降较快，有利于扬尘的沉降。厂界喷淋装置开启时，厂界喷淋对场区内扬尘颗粒物扩散影响较小。

2.1.2 扬尘控制技术

1. 起尘阶段控制措施

(1)道路硬化

对施工现场内的出入口道路、施工区域内的主要道路、办公区、生活区、材料仓库及加工区内的厂区道路进行硬化处理，如图 2.7 所示。

图 2.7 场地硬化情况

(2)车辆清洗

土方施工项目场地出口处应设置车辆清洗装置或建设车辆清洗系统，严禁各类运输车辆带土带泥上路，如图 2.8 所示。常见车辆清洗装置包含车辆喷枪冲洗设备、洗车平台，平台下设置沉淀池或排污池、排水沟，平台前后设置减速带。

图 2.8 车辆清洗情况

(3)抑尘网覆盖

土方施工现场内的裸露地表、土方填料、空地及易于产尘的材料必须进行覆盖,使用抑尘网覆盖其表面,并依据不同的遮盖对象,选取不同孔隙率的抑尘网进行遮盖,如图 2.9 所示。抑尘网是一种多孔障碍物,在其背面可形成低风速区,从而减少扬尘运动,对施工场地和开挖土方的起尘与扬尘扩散具有良好的制约作用,其防尘效果已得到广泛认可。相关监测表明,防尘网的防尘效果可达 50%～70%,最高可达到 92%。

图 2.9 抑尘网覆盖情况

为了解环保抑尘网的降解效率,南京至句容城际轨道交通工程选取在 01 标一工区盾构土临时堆存场进行试验。试验采用的环保抑尘网的主要成分为聚丙烯腈,其纯度越高,越容易降解,但其强度会降低,易破碎,因此需要添加其他高分子材料,增加其强度和厚度。选取 1 m^2 质量分别为 120 g、60 g、30 g 的 3 种不同厚度的抑尘网材料,同时覆盖在盾构土临时堆存场上,如图 2.10 所示。

图 2.10 土方临时堆放场覆盖抑尘网

试验采用称重法结合观察法，每 1 个月对 3 种规格的抑尘网进行观察并采集称重一次，共计观察 3 个月，3 个月后的抑尘网覆盖情况如图 2.11 所示。每个月试验结果如图 2.12 和表 2.7 所示。

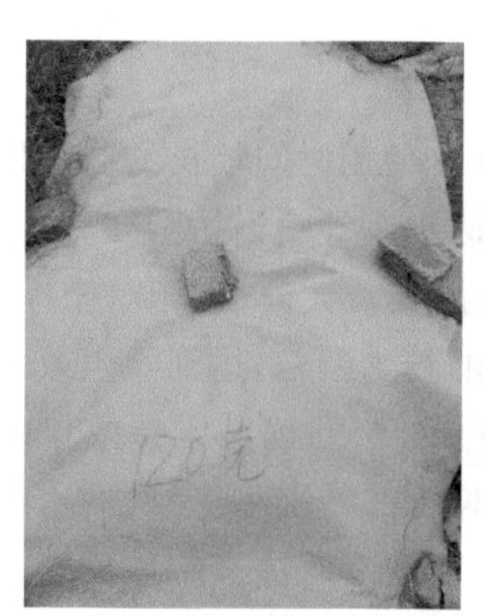

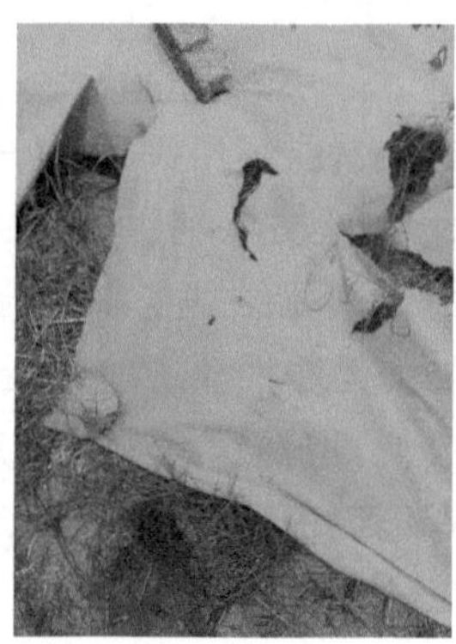

图 2.11 环保抑尘网降解试验覆盖 3 个月后

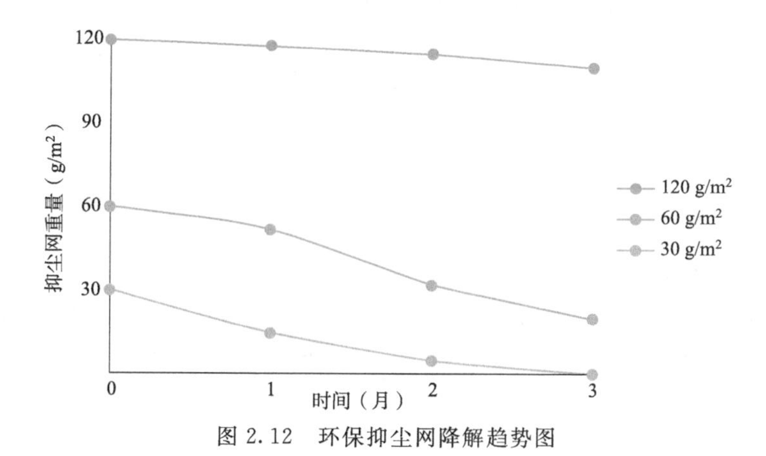

图 2.12 环保抑尘网降解趋势图

表 2.7 环保抑尘网试验结果

抑尘网类型	覆盖初重量(g/m²)	1个月		2个月		3个月	
		重量(g/m²)	降解率	重量(g/m²)	降解率	重量(g/m²)	降解率
120 g/m²	120	118	1.67 %	115	4.17%	112	6.67 %
60 g/m²	60	52	26.67%	32	46.67%	20	66.67%
30 g/m²	30	15	50.00 %	5	83.33%	0.3	99.00 %

由试验数据可以看出，120 g/m² 的抑尘网1个月后的降解率为1.67%，2个月后的降解率为4.17%，3个月后的降解率为6.67%，基本没有降解；60 g/m² 的抑尘网1个月后的降解率为26.67%，2个月后的降解率为46.67%，3个月后的降解率为66.67%；30 g/m² 的抑尘网1个月后的降解率为50%，2个月后的降解率为83.33%，3个月后的降解率为99.00%。在实际施工过程中，施工单位可以根据土方等物料的堆存时间选取合适的环保抑尘网。

(4)洒水抑尘

洒水抑尘在施工过程中取材方便、施用灵活，是一种使用时间较长的传统控尘方式，如图2.13所示。传统的洒水抑尘方法利用人工、洒水车等喷洒扬尘产生的位置，将细小的颗粒物浸润，水的张力使其凝结并与水混合形成较大分子，相对密度、含湿量升高，风力或人为活动产生的力无法推动这些胶凝的粉尘颗粒，达到除尘效果。虽然它的抑尘效果见效快，简单方便，但洒水抑尘有一定的局限性，其维持效果的周期比较短，较浪费水资源。在夏季施工工地光照强蒸发剧烈的情况下，一次洒水的抑尘效果只能持续15 min左右，使其抑尘效果大打折扣。而现有解决措施是反复多次的洒水，但多次洒水会细化粉尘或者土壤颗粒物，使其风化程度加剧，反复洒水长期看将使作用区产尘量加剧，且用水量非常大，对于一些缺水或少水的区域很难长期使用。传统洒水抑尘不仅造成大量水资源的浪费，而且由于我国北方地区夏季气温高，蒸发快，而冬季气温低，易结冰，因此，其实际应用受到很大程度的限制。

图 2.13 洒水抑尘

(5)抑尘剂

化学抑尘剂的使用一般可采取人工、机械、专业喷淋站及固定喷雾系统方法等,将抑尘剂稀释液均匀喷洒于物料表面或扬尘区间,即可实现防尘、降尘的效果,如图 2.14 所示。这种方法的优点是原料本身无腐蚀、无污染、可生物降解对环境无污染。由于表面固化成壳具有一定的抗风蚀、抗雨水冲蚀性能,能够有效降低并减少物料损耗并保护工人及周边人群的身体健康。抑尘剂抑尘效率高,抑尘持续时间较长,操作方便,较好地解决了传统抑尘方式的局限性,是一种行之有效的抑尘方法。

图 2.14 喷洒抑尘剂

(6)电焊吸尘

焊接烟尘净化器用于焊接、抛光、切割、打磨等工序中产生烟尘和粉尘的净化,如图 2.15 所示。通过风机引力作用,焊烟废气经万向吸尘罩吸入设备进风口,设备进风口处设有阻火器,火花经阻火器被阻留,烟尘气体进入沉降室,利用重力与上行气流,首先将粗粒尘直接降至灰斗,微粒烟尘被滤芯捕集在外表面,洁净气体经滤芯过滤净化后,由滤芯中心流入洁净室,洁净空气又经活性炭过滤器吸附进一步净化后经出风口达标排出。

图 2.15 电焊吸尘器

2. 传输阶段控制措施

(1)传统场界围挡

沿施工区域边缘建立硬质围挡,目前硬质围挡多为彩钢或 PVC 围挡,如图 2.16 所示。若施工工地临近城市主干道,则硬质围挡结构高度不应低于 2.5 m;若施工工地临近一般城市道路,则硬质围挡结构高度不应低于 1.8 m。通常硬质围挡降尘原理为土方扬尘颗粒随风卷扬起尘后是逐步加速的过程,也是逐渐缓慢上升进入高空,在初期起扬阶段,含有扬尘颗粒的二相流气流遇到围挡后,扬尘颗粒粒子由于惯性作用,大颗粒粒子与围挡壁面发生碰撞,扬尘颗粒动能被墙壁吸收后大粒径的扬尘颗粒就会由于重力作用而沉降。

图 2.16 传统围挡

(2)全封闭围挡

全封闭围挡是一个相对密闭的空间结构,施工过程中可有效避免产生的废气、粉尘造成二次污染,全面抑制扬尘,如图 2.17 所示。

图 2.17 全封闭围挡施工

3. 降尘阶段控制措施

(1)移动雾炮降尘

移动雾炮降尘通过高压将水以微细水雾的形式喷射到空中附着空气中的扬尘颗粒,使扬尘颗粒与水雾聚集成团,达到一定重量后降落到地面,达到降尘的目的,如图 2.18 所示。雾炮机产生的水雾颗粒的直径通常小于 10 μm,相比传统的洒水措施,该水雾颗粒可更充分地与扬尘分子结合,从而达到更好的降尘效果。此外,雾炮机将水充分雾化,喷水量仅为普通洒水措施的 1/10,在保证降尘效果的同时不会使地面过于潮湿,从而尽可能地避免出现道路泥泞现象,且可节约水资源。雾炮机一般都配备有增压水泵和气泵,安装有液压调节阀和气体调节阀,可更好地保证喷雾降尘的效果。该系统设备简单、成本不高、易于实现,将雾炮降尘用于施工现场开放性扬尘源的降尘可以取得较好的降尘效果。

图 2.18　雾炮降尘

(2)自动喷淋系统

该系统一般由固定式喷淋装置和移动式喷淋装置组成,其中固定式喷淋装置一般设置在施工道路边栏处,用于施工场地周边及施工道路的喷淋抑尘;移动式喷淋装置一般用于物料堆场和临时土方施工部位的降尘。喷淋降尘系统采用水射流技术进行高效雾化水颗粒,以极细微雾化状态喷出,使雾滴能够迅速吸附空气中的各种大小灰尘颗粒,有效降低空气中的 PM_{10} 浓度,降尘效果十分显著。

厂区喷淋虽然很好地抑制了施工扬尘的产生,但目前工地的喷淋装置的喷射频次、喷射管径的设置参差不齐,对水资源也造成较大的浪费,如图 2.19 所示。其次由于喷头设计或安装的不合理,喷淋装置开启时,喷水直接喷到施工场地外侧的道路上,对周边居民通行造成较大的影响。

图 2.19 厂界喷淋

2.1.3 扬尘控制实践总结

1. 采取的主要扬尘控制措施

通过对南京至句容城际轨道交通工程施工工地实地调查,该工程施工工地针对主体维护结构施工、车站主体基坑开挖、车站主体结构施工、盾构施工等不同施工工序采取了相应的扬尘防治措施,针对目前现行的洒水、车辆清洗、抑尘网覆盖、厂界喷淋等扬尘控制措施造成的水资源浪费、道路泥泞、抑尘网不易降解和厂界喷淋装置进行了优化,具体措施情况见表 2.8。

2. 扬尘控制效果评价

通过施工场地例行监测数据分析发现,采取洒水车、雾炮机、厂界喷淋等措施后,扬尘防治效率达到了 69%以上。

南京至句容城际轨道交通工程对现行洒水车、雾炮机、厂界喷淋装置措施的降尘效率进行了研究。工程选取 01 标二工区工地作为研究对象,分别对该工区的洒水车、雾炮机、厂界喷淋 3 种降尘措施,前后 1 h 的现场空气中扬尘(PM_{10})平均浓度进行监测,获得施工现场洒水前后 1 h 大气中扬尘(PM_{10})平均浓度,以此评价 3 种降尘措施对施工扬尘的防治效果。

表 2.8 施工现场降尘措施前后现场 PM_{10} 防治效率

试验编号	降尘措施	采取措施前 PM_{10} 平均浓度(mg/m^3)	采取措施后 PM_{10} 平均浓度(mg/m^3)	降尘效率
1	洒水车	0.150	0.033	78%
2	雾炮机	0.783	0.083	89%
3	厂界喷淋	0.217	0.067	69%

注:降尘效率=(洒水前浓度-洒水后浓度)/洒水前浓度。

通过施工洒水降尘措施效果现场监测发现,各施工工区现有的 3 种降尘效果中,雾炮机的降尘效果最高,洒水车次之,厂界喷淋最低。各施工厂区现有的洒水降尘措施可以有效降低施工现场扬尘排放。

根据对实施工地 24 h 大气监测监控数据显示，施工工地在土方开挖、土方装载外运等扬尘最大值产生阶段的 PM_{10} 均能满足大气环境空气质量二级标准现值，未对周围大气环境质量造成影响，可见工程现行采取的扬尘控制措施对施工扬尘具有较好的控制效果。

3. 优化方案

(1)喷淋装置的优化方案

①喷嘴角度优化试验

为提高喷淋装置的降尘效率，南京至句容城际轨道交通工程在 01 标第一工区马群站施工场地，在同一侧厂界，设置了与厂界挡墙角度分别为 60°、45°、30°、90°四种不同喷射角度的喷雾抑尘试验，如图 2.20 所示。试验时采用同种类别的喷嘴，在同一施工工况下，分别采集喷淋开启前 1 h 和喷淋开启后 1 h 厂界处大气中的 PM_{10} 的平均浓度，连续监测 3 d。

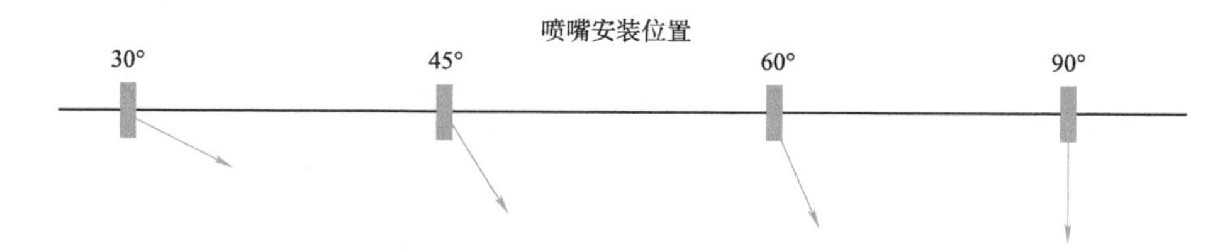

图 2.20 不同喷射角度示意图

不同角度喷淋装置开启前后的厂界处 PM_{10} 的监测结果及抑尘效率见表 2.9。

表 2.9 施工现场四种不同喷射角度喷淋措施前后现场 PM_{10} 防治效果

次 数	喷嘴角度	开启前 PM_{10} 平均浓度(mg/m³)	开启后 PM_{10} 平均浓度(mg/m³)	抑尘效率
1	30°	0.298	0.067	77.52%
	45°	0.355	0.053	85.07%
	60°	0.335	0.106	68.36%
	90°	0.345	0.18	47.83%
2	30°	0.338	0.073	78.40%
	45°	0.345	0.045	86.96%
	60°	0.344	0.128	62.79%
	90°	0.353	0.174	50.71%

续上表

次　数	喷嘴角度	开启前 PM_{10} 平均浓度(mg/m^3)	开启后 PM_{10} 平均浓度(mg/m^3)	抑尘效率
3	30°	0.388	0.087	77.58%
	45°	0.405	0.058	85.68%
	60°	0.415	0.132	68.19%
	90°	0.395	0.193	51.14%
4	30°	0.285	0.069	75.79%
	45°	0.288	0.036	87.50%
	60°	0.289	0.089	69.20%
	90°	0.286	0.141	50.70 %
5	30°	0.331	0.079	76.13%
	45°	0.336	0.049	85.42 %
	60°	0.337	0.098	70.92%
	90°	0.338	0.149	55.92 %
平均	30°	—	—	77.08%
	45°	—	—	86.12%
	60°	—	—	67.89%
	90°	—	—	51.26%

根据监测结果，喷嘴采用45°时扬尘下降的最多，抑尘效率高达86%以上；喷嘴采用30°喷射时，扬尘浓度比45°时下降的稍微小一些，抑尘效率为77%左右；喷嘴采用60°喷射时，抑尘效率为67%左右；当喷嘴角度为90°时，扬尘浓度下降的最少，抑尘效率仅为51%左右。根据试验结果，喷嘴方向采用45°时，抑尘效果最好。

②喷嘴结构优化试验

南京至句容城际轨道交通工程在01标第一工区马群站施工场内，根据现行工地中常见的三种同喷嘴直径的喷头作为参考，在同一侧厂界，分别安装了1.0 mm、1.5 mm、2.0 mm、2.5 mm和3.0 mm五种不同喷嘴直径的喷头，在同等喷雾压力和相同耗水量的情况下，对降尘效果分别进行测试。分别采集喷淋开启前1 h和喷淋开启后1 h厂界处大气中的PM_{10}的平均浓度，连续监测5 d。

五种不同喷嘴直径的喷淋装置开启前后的厂界处PM_{10}的监测结果，见表2.10和图2.21。

表 2.10 施工现场五种不同喷头的喷淋措施前后现场 PM_{10} 防治效果

监测时间	喷头直径	开启前 PM_{10} 平均浓度(mg/m^3)	开启后 PM_{10} 平均浓度(mg/m^3)	抑尘效率
第一天	1.0 mm	0.255	0.059	76.86%
	1.5 mm	0.238	0.035	85.29%
	2.0 mm	0.256	0.089	65.23%
	2.5 mm	0.245	0.128	47.76%
	3.0 mm	0.249	0.144	42.17%
第二天	1.0 mm	0.245	0.055	77.55%
	1.5 mm	0.258	0.037	85.66%
	2.0 mm	0.253	0.092	63.64%
	2.5 mm	0.261	0.135	48.28%
	3.0 mm	0.266	0.155	41.73%
第三天	1.0 mm	0.305	0.062	79.67%
	1.5 mm	0.348	0.043	87.64%
	2.0 mm	0.315	0.133	57.78%
	2.5 mm	0.336	0.178	47.02%
	3.0 mm	0.352	0.207	41.19%
第四天	1.0 mm	0.308	0.068	77.92%
	1.5 mm	0.329	0.056	82.98%
	2.0 mm	0.33	0.098	70.30%
	2.5 mm	0.313	0.135	56.87%
	3.0 mm	0.315	0.152	51.75%
第五天	1.0 mm	0.451	0.105	76.72%
	1.5 mm	0.455	0.079	82.64%
	2.0 mm	0.465	0.125	73.12%
	2.5 mm	0.468	0.186	60.26%
	3.0 mm	0.468	0.252	46.15%
平均值	1.0 mm	—	—	77.75 %
	1.5 mm	—	—	84.84 %
	2.0 mm	—	—	66.01 %
	2.5 mm	—	—	52.04 %
	3.0 mm	—	—	44.60%

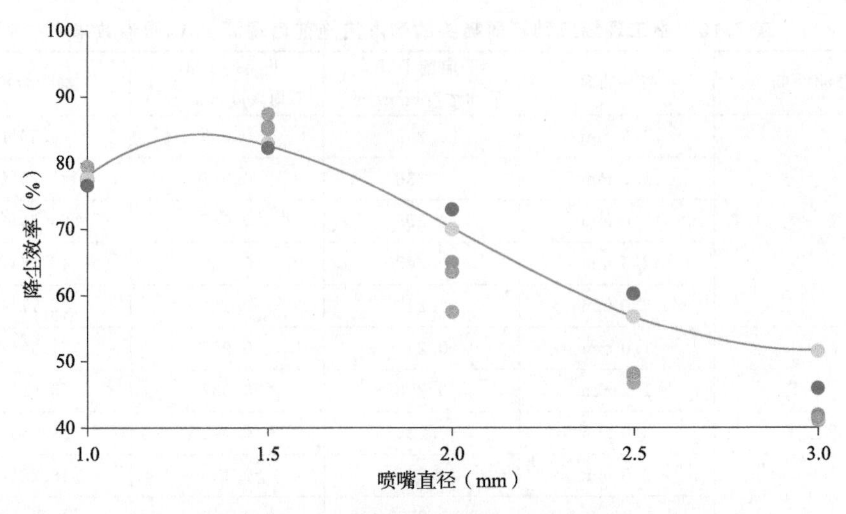

图 2.21 降尘效率与喷嘴直径关系曲线

根据监测结果，喷头直径 1.0 mm，抑尘效率为 77.75%；喷头直径 1.5 mm，抑尘效率最高，高达 84.84%；喷头直径 2.0 mm，抑尘效率开始下降，为 66.01%；喷头直径 2.5 mm，抑尘效率持续下降，为 52.04%；喷头直径3.0 mm，抑尘效率降为 44.60%。根据试验结果，喷嘴直径 1.5 mm 的喷嘴的降尘效果最好。

③喷头上方围挡高度优化

在同等喷雾压力、相同耗水量和满足降尘效果的情况下，通过调整喷嘴上方的围挡高度，将喷头上方的围挡高度升高，或将围挡上方改为弧形，可以有效降低喷淋时对厂区外的影响。

(2)智慧分区启动系统

①系统概况

智慧分区启动系统由扬尘实时在线监测系统、数据显示分析系统、预警控制系统、喷淋系统、无线传输系统、后台数据处理系统及信息监控管理平台组成，如图 2.22 所示。

②现有系统的整改方案

对场界四周安装在线扬尘监测装置，并配备无线传输系统；监测数据实时传输至喷淋装置中控台；通过对每侧的喷淋装置安装自动启动控制器，与环境监测设备进行联动，当环境监测设备监测扬尘超标时，中控台会发出指令，相应侧喷淋装置就可自动开启，进行降尘工作；当监测结果达到限定值后，喷淋装置自动停止。

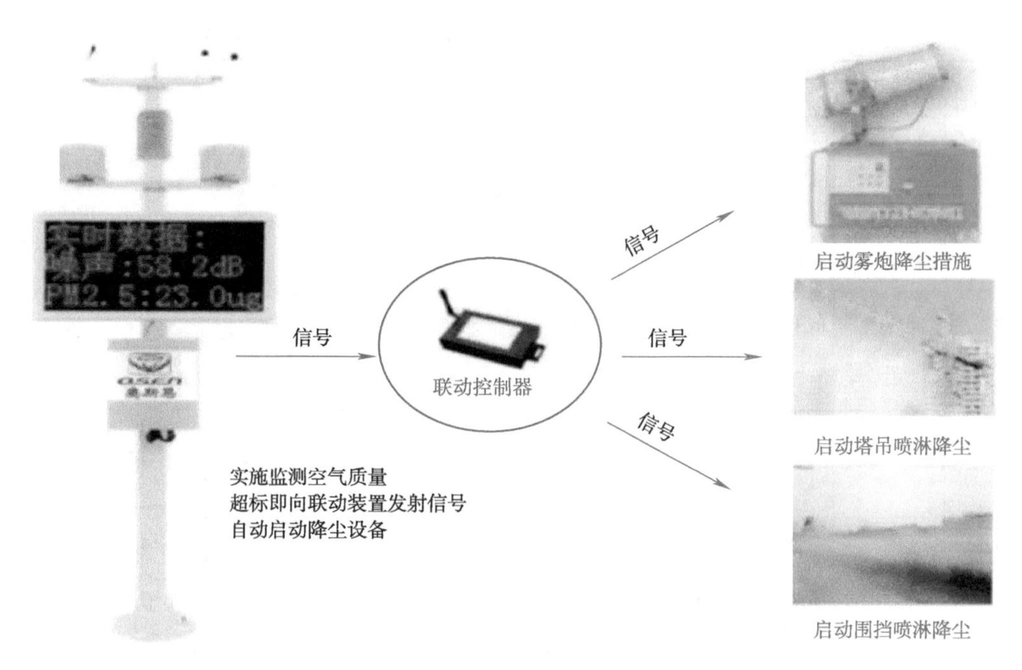

图 2.22 在线监测联动分区启动系统

分区自动喷淋装置联动集成配电箱、高压水泵、喷淋供水管、铜制雾状高压喷头、零星管件等,供水方式采用自来水供水。

系统由颗粒物在线监测仪、数据采集和传输系统、视频监控系统、厂界喷淋控制、后台数据处理系统等部分组成。系统设备主要包括扬尘在线检测仪、扬尘在线监测终端系统、厂界喷淋装置、联动启动器。

分区自动喷淋系统由 PPR 水管、直通、三通、弯头等组成水流通的管路,施工场地市政自来水提供喷淋水源,多级泵给予输送动力,智能控制器控制整个系统,外接喷雾降尘设备,实现环境监测和喷淋系统智能联动。分区自动喷淋系统通过自动化配电箱联动控制器实现自动喷淋,当系统监测设备扬尘数值超过设定阈值时,喷淋系统通过数据反馈自动开启喷淋实现自动降尘的联动效果。本工程设定的报警扬尘上限是 120 $\mu g/m^3$,即当扬尘监测设备监测到现场扬尘数值超过 120 $\mu g/m^3$时,系统报警,并自动开启喷淋降尘,自动与手动开启喷淋系统可以通过联动控制开关箱调节,可以有效实现根据场地内施工情况分区进行喷淋,达到节约水资源的效果,施工期扬尘控制措施见表 2.11。

表 2.11 南京至句容城际轨道交通工程施工期扬尘控制措施

序号	措施名称	现行扬尘控制措施的不足	优化的降尘措施	实例图
1	车辆清洗场地清扫	易造成道路泥泞，道路干化后又产生二次扬尘	在车辆出入口分别设置全自动带围挡的洗车平台，并做到及时清扫	 洗车平台  人工清扫
2	抑尘网	主要成分为聚乙烯(PE)或聚氯乙烯(PVC)，不易降解，易造成二次污染	根据土方、物料存放时间的长短，选择不同降解速率的环保抑尘网(主要成分为聚丙烯腈，其降解速率主要受聚丙烯腈纯度影响)	 抑尘网覆盖  环保抑尘网
3	洒水抑尘	采用传统洒水车，洒水方式多为人工洒水，喷淋洒水频次设置不合理等造成大量水资源浪费	采用新型的洒水抑尘方式的新型雾炮洒水车，在土方开挖时配合采用雾炮降尘	 雾炮洒水车  移动雾炮机
			优化了厂界喷淋装置： (1)厂界喷淋装置设置了合理的喷射频次； (2)优化了喷嘴结构	 厂界喷淋装置
		对周边居民通行造成较大的影响	增加围挡高度；调整喷头角度	

续上表

序号	措施名称	现行扬尘控制措施的不足	优化的降尘措施	实 例 图
4	在线监控	—	安装了在线监控装置，设置有扬尘超标报警装置，并以此控制洒水频次	在线监控

2.2　水　污　染

2.2.1　水污染特征

1. 施工人员生活污水

施工人员生活污水主要产生于施工人员生活区，包括施工人员的盥洗水、食堂下水和厕所冲刷水等。单个工区的施工人员平均数量约 200 人，生活用水量按 150 L/(人·d)计，生活污水排放量按生活用水量 80%计算，则本工程单个工区施工人员的生活污水排放量平均约为 24 m^3/d，主要污染物包括 COD、SS、动植物油等。

2. 施工场地冲洗废水

施工场地冲洗废水主要包括暴雨地表径流冲刷浮土、建筑砂石、垃圾、弃土产生的夹带大量泥沙且携带水泥、油类等各种污染物的废水。本工程单个施工场地废水排放量平均约 5 m^3/d，主要污染物为 COD、SS、石油类。

3. 施工机械冲洗废水

施工机械冲洗废水主要为机械设备运转的冷却水和洗涤水、运输车辆洗涤水等。本工程单个施工机械废水排放量平均约 10 m^3/d，主要污染物为 COD、SS、石油类。

4. 泥浆水

泥浆水主要来源于钻孔施工和围栏结构施工产生的废弃泥浆，以及盾构施工中产生的泥水。单个盾构区间泥浆水排放量平均约 100 m^3/d，主要污染物为 SS。

2.2.2　水污染控制技术

1. 施工人员生活污水处理

在城市或者城市周边铺设市政管网的郊区，施工人员产生的生活污水经化粪池处理后排入市政污水管网，最终输送到污水处理厂集中处理。但是在未覆盖市政污水管网的地区，如果生活污水未有效处理即排放，会对工程周边的河流、湖库等地表水体造成较大污染。考虑到施工期生活污水为短期排污，施工营地为临时建筑，污水处理设施要求易于管理、经济合理。而一体化污水处理设备具有占地面积小、安装简单高效、经济环保、处理效果好等优点，因此，成为大多数设置在未铺设市政污水管网区域的施工营地所采取的污水处理方案。

2. 施工场地冲洗废水处理

施工场地冲洗废水主要污染物为 COD、SS、石油类，有机污染物含量少，主要采用自然沉淀法处理。该方法处理流程和运行操作简单，运行费用少，能有效处理 SS 含量高的废水。自然沉淀法所采用的沉淀池按形态和结构可分为平流式沉淀池、竖流式沉淀池、辐流式沉淀池、斜流式沉淀池等多种。我国广泛采用的沉淀池是平流式沉淀池和斜流式沉淀池。

3. 施工机械冲洗废水处理

机械设备清洗将产生少量含有悬浮物和油类物质的污水，主要污染物为 COD、SS、石油类，其中石油类污染物以悬浮油和粗分散油为主，且可吸附于悬浮物表面，并随悬浮物的下沉而蓄积于污泥中。因此在轨道交通工程中，一般采用自然除油的方法来处理施工机械冲洗废水，含油废水经排水沟收集至多级隔油沉淀池处理后，达到油水分离的目的。

4. 泥浆水处理

(1)传统沉淀处理法

传统沉淀法是利用低洼地形或沉淀池来存放废弃泥浆，静置至泥浆沉淀后，排去上清液，施工结束后将沉淀的底泥填埋复垦。在特殊区域，如环境敏感区（水源保护区、自然保护区等）和社会关注区（城市区域、河道等）的废弃泥浆在自然沉淀后，用运槽车外运至指定填埋场进行填埋处置。

这种处理泥浆的方法较为简单，经济成本低，在目前轨道交通项目施工中比较常用。但因泥浆胶体具有稳定性，依靠传统沉淀实现固液分离比较困难，所需要的沉淀时间长；施工现场设置的泥浆池占地面积大，施工期间遇到降雨或泥浆池爆裂等情况，易造成沉淀池内的泥浆外溢污染环境；静置期间还需要对沉淀池进行管理，采取适当的拦挡措施，防止人员掉进池内；施工产生的泥浆较多时，外运至填埋场也需要承担较高的运输费用。

(2)化学固化处理法

固化法是用化学—物理的办法，用惰性材料包裹有害物质使其稳定。固化剂一般采用水泥窑灰、石灰、高炉灰或黏土等。

固化法单次可处理的污泥量较大，对污染物含量高的污泥处理效果较好。但是固化法的处理工艺较复杂，形成的固化物体积很大，给进一步处置造成困难，且处理成本较高。固化法目前主要用来处理危险固体废物及含污染物较多的废弃泥浆。

(3)土地耕作处理法

土地耕作法是把泥浆撒向土壤的表层，并利用机械耕作方式使其混匀，泥浆中的有害物质被土壤中的微生物吸收的方法。

这种处理方法经济性较好。但是填埋的地点距离城市越来越远，而且远离城市的地点也很难保证。土地耕作法要考虑运输距离，而且会造成二次污染。

(4)化学絮凝固液分离处理法

为了克服传统沉淀法的缺点，缩短废弃泥浆的处理周期，减少临时占地面积，通过向泥浆中加入絮凝剂，破坏泥浆体系的化学稳定性，使得水与固相颗粒快速分离，使废弃泥浆减量化、干化，便于清运。化学絮凝固液分离处理法工艺相对简单，废弃泥浆的处理周期短，临时占地少，不需要对分离后的固相及液相分别进行二次处理，特别适合于处理污染水平较低的泥浆，如建筑施工产生的废弃泥浆。

化学絮凝固液分离法可以将泥浆进行固液分离，但沉淀分离出的固体含水率还是较高，固相还不能堆放和直接运输。该处理方法尚未能得以广泛应用，还需要进一步的改进。

(5)化学絮凝加机械脱水处理法

化学絮凝加机械脱水法是指在淤泥中投放固液分离药剂然后用机械设备进行泥水分离。此方法可以使得沉淀分离后的固相含水率进一步降低，减少沉淀后固相的体积，更方便运输。目前用于泥水分离的混凝剂按照化学成分可分为无机盐类絮凝剂、有机高分子絮凝剂和微生物絮凝剂三大类，其中有机絮凝剂又可以分为天然高分子絮凝剂和人工合成有机高分子絮凝剂。

结合国内外废弃泥浆处理的方法以及发展的趋势，轨道交通类项目可采用处理周期短、占地少、成本低廉、应用前景广阔的化学絮凝加机械脱水处理法。利用化学絮凝加离心分离等技术对泥浆进行固液分离，形成了一个“筛分＋絮凝脱水”的二级处理系统，确保达标排放。

2.2.3　污水处置实践总结

1. 节约用水

以南京至句容城际轨道交通工程为例，该工程循环水主要用途为施工场地冲洗、施工机械冲洗、盾构隧道冲洗、施工场地洒水降尘和养护现浇模板。根据估算，南京至句容城际轨道交通工程全线平均每天的循环水用水量约为 735 m^3，则该工程用水方面每年可节约 268 275 m³。

2. 生活污水污染防治措施

南京至句容城际轨道交通工程各工区施工营地均设置了化粪池，位于已覆盖市政污水管网区域的施工营地，生活污水经化粪池处理后，直接排入市政污水管网。所在区域未覆盖市政污水管网的施工营地除化粪池外，也设置了生活污水处理设施，生活污水处理设施采用 A/O 污水处理工艺，利用厌氧微生物和好氧微生物分段氧化分解废水中的有机物，能有效去除生活污水中的COD、SS和动植物油等污染物，在满足《污水综合排放标准》(GB 8978—1996)相应标准下排入附近水体。该工程施工营地生活污水处理设施如图 2.23 和图 2.24 所示。

图 2.23　施工营地排水沟

图 2.24　施工营地生活污水处理设施

3. 施工场地和机械冲洗废水污染防治措施

南京至句容城际轨道交通工程各工区施工场地均设置了排水沟和多级沉淀池，排水沟设置在施工场地周边，底部设 2‰～3‰纵坡，截面尺寸为 300 mm×300 mm。排水沟每间隔一定距离设置一个集水坑，施工场地和机械冲洗产生的废水通过排水沟汇集至多级沉淀池中沉淀(图 2.25)，沉淀后的上层清液部分回用于养护现浇模板、施工场地和施工机械的清洗，其余在满足《污水综合排放标准》(GB 8978—1996)三级标准下排入市政污水管网。此外各工区施工场地在进出口处设置了车辆冲洗平台，冲洗平台配备 1 台高压冲洗设备，对进出施工场地的渣土运输车辆进行冲洗。冲洗产生的废水通过管道汇集至沉淀池中沉淀后也可回用。南京至句容城际轨道交通工程各工区沉淀池设置情况见表 2.12，施工场地和机械冲洗废水处理设施如图 2.26 所示，废水处理及回用水平衡如图 2.27 所示。

表 2.12　南京至句容城际轨道交通工程各施工工区沉淀池设置一览表

施工工区		施工人员最大数量(人)	沉淀池规格(m^3)	每日最大用水量(m^3)	每日最大处理废水量(m^3)
南京段	一工区	350	30×3	70	130
	二工区	390	50×5	135	260
	三工区	480	35×4	100	160
	四工区	595	35×2	80	70
	五工区	400	30×2	50	60
	六工区	450	35×3	110	160
句容段	一工区	460	35×2	70	60
	二工区	450	35×2	70	60
	三工区	420	30×3	90	100
	四工区	490	50×3	110	180
	五工区	410	40×3	95	150
	六工区	360	30×1	35	30

(a) 泥浆池1

(b) 泥浆池2

图 2.25　施工场地和机械冲洗废水处理设施

(a) 沉淀池1

(b) 沉淀池2

图　2.26

（c）排水沟　（d）车辆冲洗平台1

（e）车辆冲洗平台2　（f）洒水车

图 2.26　施工场地和机械冲洗废水处理设施

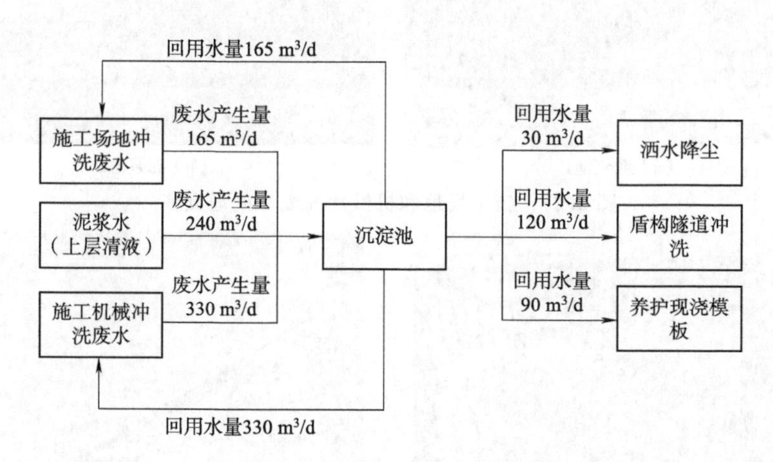

图 2.27　施工场地和机械冲洗废水处理及回用水平衡图

4. 泥浆水污染防治措施

南京至句容城际轨道交通工程各工区施工场地在泥浆水产生处附近设置了泥

浆池。施工产生的废弃泥浆排入泥浆池后，上层清液排入多级沉淀池内沉淀后可回用，底部的余泥渣土由有资质的渣土车外运至指定的弃土场。进出的渣土车由车辆冲洗平台进行冲洗。

5. 穿越水体盾构施工污染防治措施

城际轨道交通工程在穿越或靠近水体处进行盾构施工时，如地层含有囊状沼气，沼气会夹带部分盾构施工使用的泡沫剂通过地层的孔隙溢出进入水体中，如使用的泡沫剂具有毒性较高或者降解性差的成分，对地表水环境以及水生生态环境将造成不良影响。因此城市轨道交通工程在穿越或靠近水体处施工时，必须采取相应的防控措施。

南京至句容城际轨道交通工程南京段五工区盾构左线侧穿汤泉水库，该水库距离盾构区间隧道结构外边缘最小水平距离为 7.8 m，盾构区间隧道顶部埋深 18.8 m，距离水库底部 15.3 m。隧道穿越岩层主要为全风化闪长玢岩及中风化泥岩。该工程路线与汤泉水库位置关系如图 2.28 所示。

图 2.28 本项目路线与汤泉水库位置关系图

为避免盾构施工对汤泉水库的水质造成不利影响，工程采取了一系列防治措施，包括：

(1)组织相关人员实地勘察并分析掌握关于汤泉水库的资料，在盾构侧穿前制定具有针对性的侧穿专项施工方案。侧穿前按照施工方案，对盾构相关技术人员及现场操作人员做针对性的安全技术交底，明确地质难点、工程质量要素、推进参数。

(2)在侧穿汤泉水库前对盾构机状态进行评估，检查推进系统、刀盘面板、同步注浆系统、二次注浆系统、密封系统、渣土改良系统，保证穿越过程中的机械稳定性。侧穿前组织测量人员详细核对汤泉水库堤坝与盾构隧道的相对位置关系，对侧穿前的成型隧道进行轴线复测，将复测结果与设计轴线进行详细比对，确保盾构线型在侧穿时的准确性。

(3)加强盾构机密封性能，做好渣土改良。侧穿时设置膨润土发酵罐，在侧穿水库过程中适量加入发酵后的膨润土，增加渣土黏稠性，防止因为地下水压过大，出现螺机喷涌现象。

(4)在施工过程中严格控制开挖量与排土量，防止因超挖出现地面塌陷，出现事故险情。穿越水库堤坝部位按理论出土量出土，可适当欠挖，保证土体密实，避免河水渗透入土体并进入盾构机。

(5)对土仓压力、推力、扭矩、推进速度等掘进参数进行分析优化，针对汤泉水库的具体情况，选择合适的施工参数通过。

(6)侧穿过程中做好同步注浆与二次注浆。注浆压力应满足设计要求，以免压力过大而击穿堤坝土体，水库水通过土体进入盾构施工区。穿越时注浆量为理论建筑空隙 130%～180%，并根据实际情况做适当调整，以保证水库堤坝土体的稳定。

(7)对盾构区间隧道围岩不同时期取样进行物理—力学室内试验、现场承载力和弹性抗力系数的荷载试验等，对试验结果进行详细科学分析，掌握盾构区间隧道不同时期围岩的物理—力学特性，为研究盾构隧道侧穿水库时安全风险控制关键技术提供可靠参数。

(8)施工过程中安排专业监测人员，结合区间地层条件，选择典型的隧道断面对地层变形、隧道净空位移和衬砌结构受力、管片变形等进行全过程监测，监测内容主要包括地表沉降、地层深部沉降(多点位移计)、地层深部水平位移(测斜仪)、围岩深部位移(多点位移计)、隧道净空位移、衬砌结构受力、管片变形及受力。同时对水库堤坝的沉降、位移等数据进行监测。根据监测结果及时进行跟踪补偿注浆和二次注浆。

(9)采用计算软件建立适用于城区中盾构隧道侧穿水库的力学模型，研究围岩变形机理，优化施工方案，为控制地层变形提供依据。结合室内试验、现场监测及数值模拟的结果，在对地层移动规律分析的基础上建立隧道施工影响下地层沉降机理分析的力学模型，据此对地层沉降做出较为准确的预测，并提出有效的控制方案和措施。对软弱地层条件下的注浆机理进行研究，提出注浆技术参数，指导现场试验及施工。

(10)盾构施工使用降解性好、无毒或低毒的泡沫剂，避免对汤泉水库水质造成不良影响。

在采取以上措施后，南京至句容城际轨道交通工程有效减少了盾构施工对穿越水体的影响。根据南京段五工区侧穿汤泉水库段施工期间对汤泉水库水质的检测结果，汤泉水库水质可以满足《地表水环境质量标准》(GB 3838—2002)Ⅲ类水体标准，表明工程施工未对汤泉水库水质产生影响。

2.3 固 体 废 物

2.3.1 固体废物污染特征

1. 固体废物来源及分类

城市轨道交通建设工程固体废物主要来源及种类见表 2.13，产生量以南京至句容城际轨道交通工程为例进行估算。

表 2.13 固体废物来源及种类

<table>
<tr><th>产生阶段</th><th colspan="3">种　类</th><th>来源分析</th><th>估算产生量</th></tr>
<tr><td rowspan="12">施工期</td><td colspan="2">生活垃圾</td><td>主要为餐厨、生活垃圾</td><td>施工人员生活</td><td>37.13 t/年</td></tr>
<tr><td rowspan="10">生产垃圾</td><td rowspan="4">建筑拆迁垃圾</td><td>废弃混凝土</td><td rowspan="4">征拆建筑拆迁、临时或附属工程拆除等</td><td rowspan="4">248 493 t</td></tr>
<tr><td>废弃钢筋</td></tr>
<tr><td>玻璃、木头等其他垃圾</td></tr>
<tr><td>企业遗留固废</td></tr>
<tr><td rowspan="6">工程施工固废</td><td>开挖弃土</td><td>车站、明挖区间等各类施工的开挖过程等</td><td rowspan="6">141.00 万 m³</td></tr>
<tr><td>盾构渣土</td><td>盾构施工出渣</td></tr>
<tr><td>隧道弃渣</td><td>隧道施工(机械及人工开挖，辅以爆破作业)</td></tr>
<tr><td>拆迁固废及破拆混凝土(混凝土块、废钢筋等)</td><td>围护结构拆除、临时混凝土结构拆除、临时占地恢复等</td></tr>
<tr><td>废弃模板、支架等废料(木板、钢板、木支架、钢支架等)</td><td>施工过程中拆除的模板和支架等</td></tr>
<tr><td>泥浆沉淀物</td><td>高架或桥梁钻孔桩施工等</td></tr>
<tr><td colspan="2">危险废物</td><td>含油污物</td><td>生产过程中废弃</td><td>—</td></tr>
</table>

2. 固体废物污染特性分析

(1)生活垃圾

根据调查,轨道交通工程施工过程中产生的生活垃圾以厨余垃圾为主,其次为塑料、灰土等。

(2)建筑拆迁垃圾

建筑垃圾成分不同,危害不同,建筑垃圾根据反应活性及处理的难易程度可分为惰性建筑垃圾和非惰性建筑垃圾两类,主要成分如图 2.29 所示。惰性建筑垃圾是指在正常环境条件下,难降解且不易与周围物质发生化学反应的一类建筑废弃物,该类物质资源化利用处置难、成本高。非惰性建筑垃圾是指在正常环境条件下,易分解且易与周围物质发生化学反应的一类建筑废弃物,该类物质资源化利用价值高。

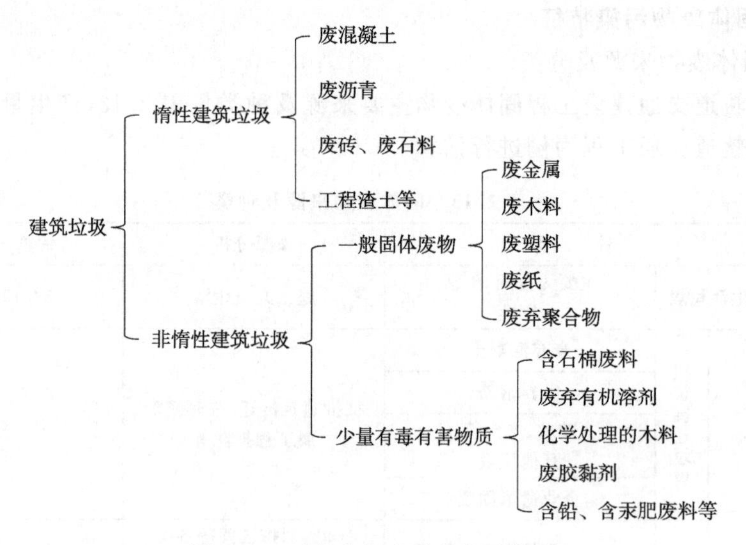

图 2.29 建筑垃圾主要成分示意图

多数建筑垃圾经分类处置后可有效降低其污染情况。但在建筑施工过程中,由于涉及的建筑材料及垃圾众多,建筑垃圾的发生种类和时空分布特征具有复杂性。大部分的施工现场一般只设废弃钢筋回收池,缺乏对其他建筑垃圾的回收利用。事实上,大部分建筑垃圾是可以实现现场回收利用,但由于缺乏现场分类处置,部分建筑垃圾在施工现场易被遗弃,造成污染和资源浪费。同时,遗弃及未处置的建筑垃圾,易造成环境的污染及景观的破坏。

(3)工程施工固废

①开挖弃土

明挖法开挖产生的弃渣主要来源于基坑开挖过程,基本上为天然地层破碎产生，主要成分为碎石、土壤等，外来污染物少，可直接利用，一般认为处理得当对环境不造成污染。

②盾构渣土

盾构渣土是由砂、石、土和水等组成的混合物，原始地层岩性的差异及施工方法的不同，导致盾构渣土成分差别较大。当含石量小于40%时，粗骨料未形成骨架，悬浮在细料土中，形成密实～悬浮结构，可视为多土类渣土；当含石量介于40%～70%时，粗骨料逐渐增多，在土石混合料中逐渐起骨架作用，显示出混合料的特征，形成密实～骨架结构，可视为中间类渣土；当含石量大于70%时，则由于细骨料不足，粗骨料间的空隙无法被全部填充，粗骨料被架空，形成骨架～空隙结构，可视为多石类渣土。

盾构渣土中除天然土壤物质外，外来物质主要有添加的泡沫剂、膨润土及机械设备上的润滑油。润滑油进入渣土中的量极少，膨润土为天然黏土，因此主要污染物为泡沫剂。南京至句容城际轨道交通工程使用的泡沫剂，以HDC-PMJ-01盾构泡沫剂为代表，泡沫剂为淡黄透明液体，25 ℃下密度约1.020 g/mL，pH值为7.7，亲水性较强，主要成分为表面活性剂。

a. 样方试验一：深度及时间变化情况分析

在盾构现场获取开挖土样品，选择一处10 m×10 m的表土裸露场地，开展样方堆放试验。开挖盾构渣土约30 m^3，堆放于中央约3 m的场地中，堆高1 m。

试验开始后，选择样方中心位置，分别在第1天、第3天、第5天、第7天、第15天，通过打孔，从不同深度土层取样进行检测(共检测4次)。考虑到盾构渣土中含有多种结构复杂的添加剂，且这些添加剂多为有机物，故试验中用TOC浓度间接反映盾构渣土中含有的有机污染物含量。根据试验结果，有机碳含量随时间明显下降，表明盾构渣土中含有的有机污染物质随时间可进行自然降解。试验数据见表2.14和图2.30。

表2.14 不同深度TOC浓度随时间变化情况

深度(cm)	TOC浓度(g/kg)				
	第1天	第3天	第5天	第7天	第15天
0	13.5	7.7	4.2	2.2	1.7
20	2.1	5.1	3.1	1.5	1.4
40	1.2	3.1	2.1	1.4	1.3
60	1.3	1.7	1.4	1.4	1.1
80	1.1	1.3	1.2	1.2	1.1

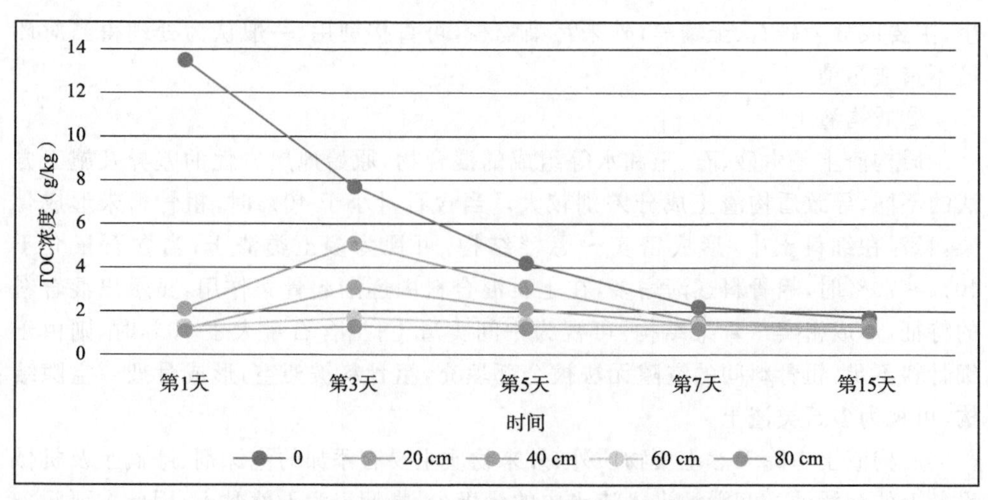

图 2.30　不同深度 TOC 浓度随时间变化情况

根据试验结果可见：

(a)污染物随淋溶下渗，同时伴有扩散、自然生物降解等现象。

(b)场地下方土壤中污染物浓度随时间先增加后减少，至第 7 天，浓度基本降低至环境水平。

(c)不同深度土壤污染物浓度不同，地面以下 60 cm 深度，污染物浓度始终保持在较低水平。

因此，南京至句容城际轨道交通工程盾构渣土中含有的有机污染物质为低毒或微毒物质，且随时间变化，污染物发生自然降解，含量自然下降。

b. 样方试验二：水平范围影响情况分析

在盾构现场获取开挖土样品，选择一处 10 m×10 m 的表土裸露场地，开展样方堆放试验。开挖盾构渣土约 30 m^3，堆放于中央半径约 3 m 的场地中，堆高 1 m。

试验开始后，选择场地不同位置地面以下约 20 cm，分别在第 1 天、第3 天、第 5 天、第 7 天、第 15 天，通过打孔，从不同位置土层取样进行检测（共检测 5 次），见表 2.15，如图 2.31～图 2.35 所示。

表 2.15　不同位置污染物浓度随时间变化情况（以 TOC 记）

X(m)	Y(m)	TOC 浓度(g/kg)				
		第 1 天	第 3 天	第 5 天	第 7 天	第 15 天
0	0	1.099	1.899	1.458	1.192	1.149
0	2.5	1.048	2.177	1.635	1.427	1.082
0	5.0	1.053	5.305	3.158	1.888	1.069
0	7.5	1.146	2.219	1.656	1.378	1.122

续上表

X(m)	Y(m)	TOC 浓度(g/kg)				
		第 1 天	第 3 天	第 5 天	第 7 天	第 15 天
0	10.0	1.039	1.708	1.381	1.307	1.163
2.5	0	1.082	2.376	1.735	1.310	1.146
2.5	2.5	1.153	6.712	3.953	2.212	1.134
2.5	5.0	1.232	7.338	4.366	2.313	1.212
2.5	7.5	1.212	6.682	3.893	2.202	1.112
2.5	10.0	1.109	2.313	1.775	1.367	1.053
5.0	0	1.067	5.087	3.085	1.889	1.194
5.0	2.5	1.162	7.199	4.154	2.361	1.166
5.0	5.0	1.105	8.253	4.786	2.624	1.159
5.0	7.5	1.222	7.288	4.230	2.351	1.068
5.0	10.0	1.139	5.091	3.186	1.938	1.115
7.5	0	1.212	2.381	1.735	1.286	1.209
7.5	2.5	1.117	6.712	3.921	2.290	1.199
7.5	5.0	1.204	7.437	4.364	2.303	1.194
7.5	7.5	1.213	6.721	3.937	2.264	1.089
7.5	10.0	1.145	2.442	1.834	1.409	1.022
10.0	0	1.118	1.630	1.459	1.298	1.167
10.0	2.5	1.084	2.427	1.874	1.439	1.187
10.0	5.0	1.154	5.301	3.267	2.051	1.047
10.0	7.5	1.142	2.221	1.702	1.387	1.059
10.0	10.0	1.107	1.760	1.435	1.260	1.172

对数据进行分析得：

(a)试验第 1 天，场地内各处位置 20 cm 深处 TOC 浓度基本一致，可记为本底值，随着试验开始，各位置 TOC 浓度逐渐上升，且呈现出中间浓度高，四周浓度低的特点。可见盾构渣土直接堆放于裸露土壤，污染物随雨水能够向下淋溶并发生扩散。

(b)第 3 天时，水平最大扩散距离约 3 m。

(c)至第 15 天，土壤中污染物浓度基本上接近本底值。

c. 盾构渣土污染特性小结

盾构渣土中含有无毒或微毒的添加剂成分，这些添加剂成分随时间变化可自然降解。若直接堆放于裸露土壤上会造成一定程度的污染，但污染程度较小。

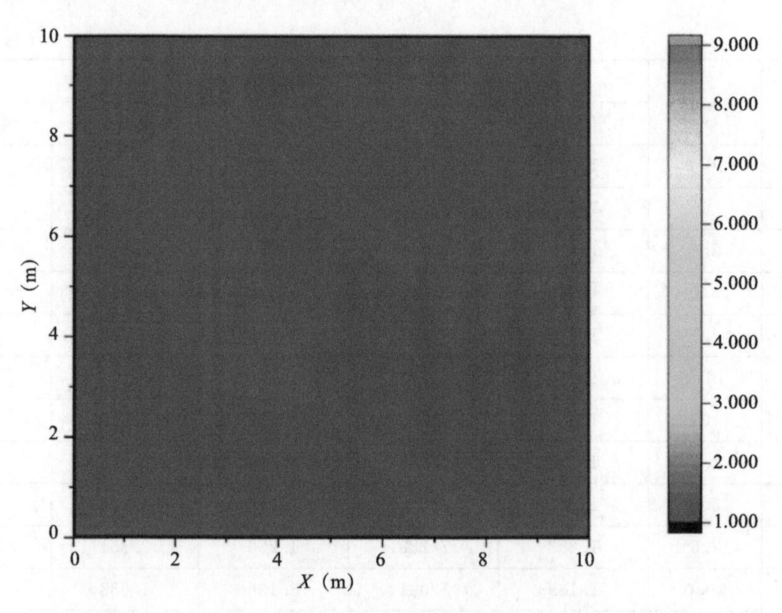

图 2.31 第 1 天不同位置污染物 TOC 浓度(单位:g/kg)

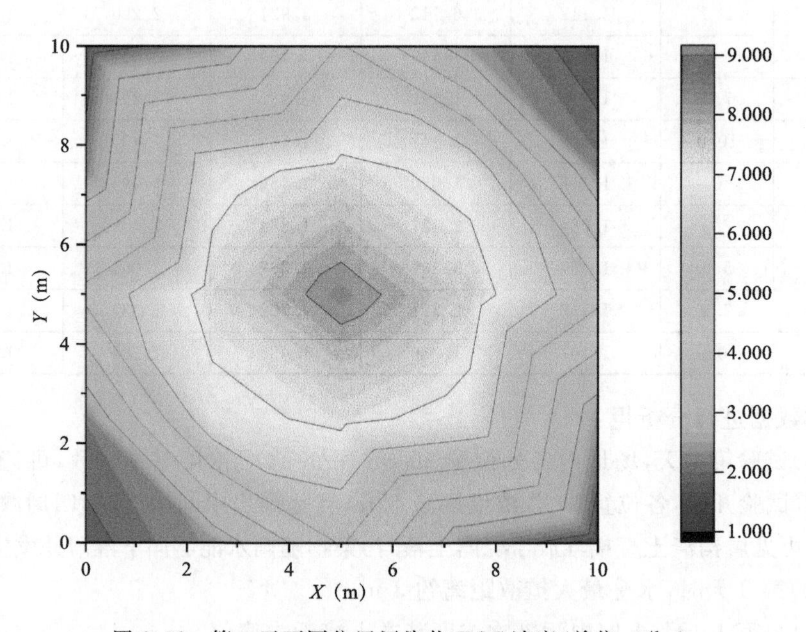

图 2.32 第 3 天不同位置污染物 TOC 浓度(单位:g/kg)

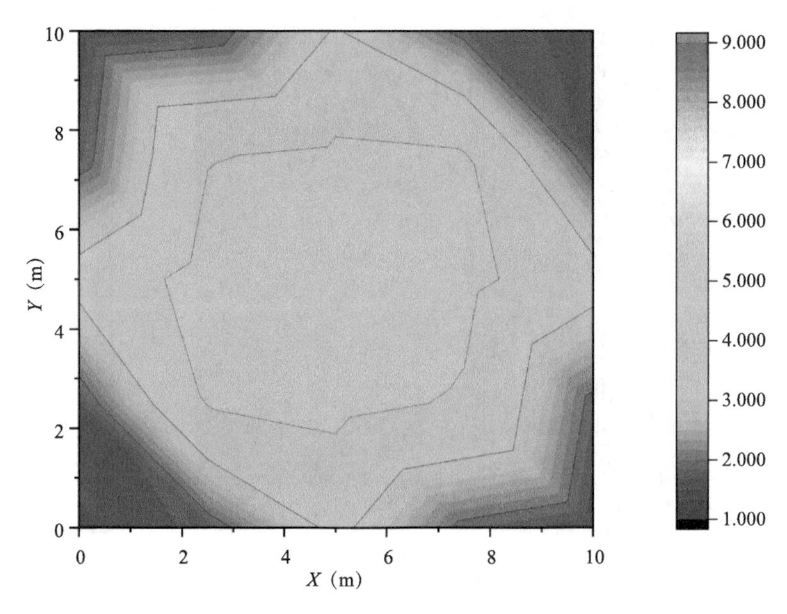

图 2.33 第 5 天不同位置污染物 TOC 浓度(单位:g/kg)

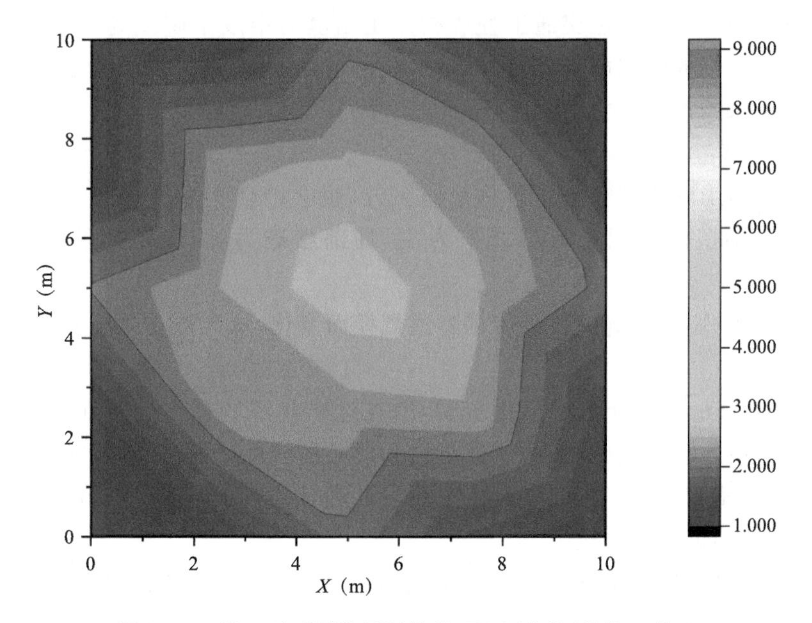

图 2.34 第 7 天不同位置污染物 TOC 浓度(单位:g/kg)

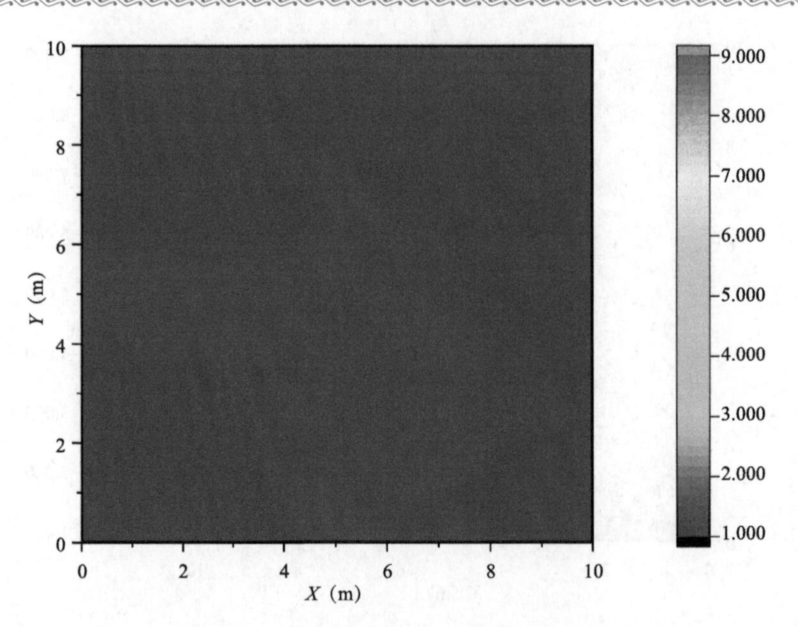

图 2.35　第 15 天不同位置污染物 TOC 浓度(单位:g/kg)

南京至句容城际轨道交通工程盾构渣土出渣后堆放于硬化场地上,不与土壤直接接触。在场地中堆放干化后,再运送至指定弃土场,进一步减少了盾构渣土对土壤和地下水的污染。

3. 隧道弃渣

轨道交通工程隧道除采用盾构法施工外,也会结合实际情况开挖隧道。开挖过程往往由小型机械配合人工开挖为主,局部爆破为辅,隧道洞渣主要有以下特性:

①体量大:隧道洞渣的数量依据隧道规模而变化,从几万立方米到几百万立方米不等。

②性能波动大:对于开采矿山资源,除在选矿等环节存在优势外,其挖深和走向可根据材质等临时改变,从而保证母材和成品的岩性单一、性能稳定。对于隧道洞渣,其开挖截面尺寸和走向需严格按照设计进行。由于呈条带状开挖出料,跨区域大,性能波动也会相对较大。

③易混杂质:相比于直接开采的矿山资源,隧道洞渣品质受围岩质量及开挖、运输过程的影响,易夹杂土质。由于局部采用爆破,导致碎屑渣土中会有爆炸残余物等有害物质残留。

4. 废弃模板、支架等废料

废弃模板、支架等废料成分及种类较多,但一般无毒害作用,且一般可回收利用。

5. 泥浆沉淀物

高架及地上部分工程施工时往往涉及钻孔灌注桩施工，需设置泥浆池来收集并沉淀泥浆。一般来说泥浆沉淀后的固体物质中以泥土和渣石为主，根据工程情况可能会含有膨润土等改性添加剂。该类弃渣一般不含污染物质，同时，桩头进行破碎还原成碎石和小块后可在施工中再利用，进行基础回填或者作为路基。钻孔灌注桩的多余泥浆或废泥浆用专用的罐装运输车运出弃土场。

2.3.2 固体废物处置方法

1. 生活垃圾处置

对于轨道交通工程建设过程中工人及管理人员产生的生活垃圾，建设单位一般进行分类集中收集并送环卫单位，由环卫单位送相关单位统一处理。

2. 工程弃土处置

地铁工程施工过程中产生的工程弃土，毒害作用较小，基本无有害物质。在综合处置上，一般分为减量化措施和处置措施。一般工程，对于工程弃土一般在设计阶段尽量使挖填平衡，已达到减量化的效果。不能挖填平衡的弃土，选质量较好的工程弃土，在现场堆放场地允许的前提下，可实现就地利用。如果场地有限，可以就近组织协调堆山造景、基坑回填、道路修筑、绿化种植、复耕还田和土壤（地）修复等工程进行消纳，具备处置能力的企业还可生产免烧砖（瓦）。对于最终剩余的工程弃土，运往消纳场处理。

3. 盾构渣土处置

(1)脱水及性质改良

根据盾构出渣情况，采取合适的脱水方法，包括抽吸排水加自然晾晒、压滤脱水、离心脱水、添加絮凝剂等添加剂等。含水率降低后，可进行渣土性质改良或采取其他进一步处置方法。

(2)消纳弃置

消纳弃置是城市建筑固废渣土的主要处置方式，但随着时间的推移，消纳场处置能力将会逐年减弱，消纳场数量也会随着达到设计容量而关停减少。

(3)移挖作填平衡利用

将可用渣土作为便道、厂平、回填、路基填筑等平衡利用，这应该是最有效、最大化处置建筑固废渣土的方式。但这种方式需要政府相关职能部门搭建有效的信息平台，提供建筑固废的排放、储存、流向、需求、利用和处置等数据信息，建立信息发布制度和信息共享机制，使需求双方在信息充分对称的情况下，达成一致、各取所需，实现固废的消化平衡。

(4)综合利用

以固体废弃物地铁盾构渣土、稻草秸秆和氧化镁为主要原料,通过烧结法可以制备盾构渣土基碳复合陶粒。盾构渣土除其中的砂、石可回收利用外,其余淤泥类、秸土类、碎屑岩类岩土,通过烧结工艺环保循环制作新型墙材也是可行的。性质优良的洞渣也可用于生产砂石料进而应用于混凝土中。

4. 拆迁固废及破拆混凝土处置

(1)减量化措施

①基础工程施工阶段减量化措施

轨道交通工程在规划和设计阶段如果能够综合考虑地形地势,实现土方平衡,施工阶段仅需在现场预留场地用于临时堆放工程弃土。对于过剩的开挖土,可以就近组织协调回填、园林绿化、道路修筑等工程进行消纳。最终无法再利用的工程弃土,运往消纳场处理。在轨道交通工程施工初期,使用"永临结合"的方式,把施工现场的临时道路、水电管路等与项目规划设计相结合,减少临时道路拆除和后期埋设管路开挖道路产生的建筑垃圾。

②主体结构施工阶段减量化措施

在轨道工程主体结构施工阶段产生的建筑垃圾以废弃混凝土、废弃砂浆和废弃加气混凝土砌块为主。施工单位针对不同种类的建筑垃圾放置收集容器或安装输送管道,运送到集收集、破碎、再利用为一体的建筑垃圾临时处理车间,完成建筑垃圾再利用,可以生产混凝土预制过梁、排水沟、盖板、雨水篦子、道沿石等,砌块可通过破碎用于回填处理或者屋面找平、找坡。施工现场浇筑混凝土余料用来硬化临时场地,随后进行分割再利用。

③预制构件减量化措施

传统工程,如高架墩柱、盖梁、悬拼箱梁、轨道道床板等混凝土构件均在工程现场设置制作,固体废物随生产产生,具有产生地分散、不易统一处理等问题。本工程施工过程中使用的高架墩柱、盖梁、悬拼箱梁、轨道道床板等,均在预制场预制并集中采取污染治理措施,尽可能减少工程范围内固体废物的产生。相对于传统方法,南京至句容城际轨道交通工程在工程范围外集中进行混凝土预制构件生产,具有明显优势,一是可减少工程范围内固体废物产生量,二是集中生产使固废得以集中处置。本工程开挖土方,在条件允许的情况下用于回填,减少弃置土方总量。

(2)破拆混凝土综合利用方法

①拆迁现场原位处理

A. 移动式处理技术

在轨道交通工程沿线拆迁现场采用挖掘机等设备对建筑垃圾进行粗分,随后用移动式破碎机进行破碎、筛分处理，制得再生材料用于道路路基和基层，较纯净的再生骨料用于生产再生制品。其优点在于：设备可移动，速度快，现场操作灵活，减少铲车的运输能耗；不受场地限制，现场无需基建，运行成本低；将现场的建筑垃圾直接转化为材料，节省了清运和消纳环节，节约了大量费用。其缺点为生产过程中扬尘和噪声控制难度较大，在环保要求下，应用将受到限制；现场采用挖掘机对建筑垃圾分类效果差，生产的再生骨料品质相对较低。

B. 半固定式分类处理技术

粗破的废混凝土块经二次破碎、筛分成不同粒径的骨料，粗破的废砖渣直接用于道路路基和基层。其优点在于：将现场的建筑垃圾直接转化为材料，节省了清运和消纳环节，节约了大量费用；不受场地限制，现场安装费用和运行成本低；现场对废旧混凝土块和废旧砖块的分离效果较好，提高了废旧混凝土利用价值。

②利用建筑垃圾生产再生骨料混凝土

目前再生骨料的加工方法主要是将切割破碎设备、传送机械、筛分设备和清除杂质的设备有机地组合在一起，共同完成破碎、筛分和除去杂质等工序，最后得到符合质量要求的再生细骨料和再生粗骨料。再生骨料的生产大体可分为以下两个阶段：

A. 预处理破碎阶段：除去废弃混凝土中的其他杂质，用破碎机将混凝土块破碎成适当颗粒。

B. 筛分阶段：最终的材料根据产品需要，经过合适孔径筛网的筛选，得到再生骨料。

2.3.3 固体废物处置实践总结

1. 工程弃土综合处置

根据南京至句容城际轨道交通工程的初步统计，该工程挖方总量为399.00万m^3（包含表土13.65万m^3），填方总量为199.43万m^3（包含表土13.65万m^3），利用土方10.73万m^3，借方总量为10.21万m^3，弃方总量为209.78万m^3，见表2.16。借方通过外购解决，弃方运至政府指定渣场。

表2.16 南京至句容城际轨道交通工程土石方平衡表 （单位：m^3）

区段	挖方		填方	调入	调出	借方	弃方	
	一般土石方	泥浆钻渣					一般土石方	泥浆钻渣
地上高架及车站区	24.42	8.90	15.15	0.00	0.00	0.00	9.27	8.90
地下车站及隧道区	194.20	19.64	42.56	0.00	3.82	8.35	156.17	19.64
停车场区	22.61	0.00	24.47	0.00	0.00	1.86	0.00	0.00

续上表

区段	挖方		填方	调入	调出	借方	弃方	
	一般土石方	泥浆钻渣					一般土石方	泥浆钻渣
车辆基地区	96.91	0.00	81.11	0.00	0.00	0.00	15.80	0.00
变电所区	0.42	0.00	0.42	0.00	0.00	0.00	0.00	0.00
施工便道	15.21	0.00	15.21	0.00	0.00	0.00	0.00	0.00
施工生产生活区	3.04	0.00	6.86	3.82	0.00	0.00	0.00	0.00
临时堆土区	0.00	0.00	0.00	0.00	0.00	0.00	0.00	0.00
全区表土	13.65	0.00	13.65	6.91	6.91	0.00	0.00	0.00
合计	370.46	28.54	199.43	10.73	10.73	10.21	181.24	28.54

2. 盾构渣土综合处置

(1)选用土压平衡盾构

一般盾构施工有土压平衡盾构与泥水平衡盾构两种,从出渣及渣土处理的角度分析,泥水平衡盾构出渣含水率较高,泥水量大,需要配备泥水分离系统、泥浆水处理系统处理盾构出渣。本工程选用的是土压平衡盾构,盾构渣土含水率较小,有效减少了盾构渣土总量,降低了出渣处理成本。

(2)统一消纳弃置

南京至句容城际轨道交通工程盾构出渣不能利用的部分,在场地内临时堆积沉降,待含水率降低后由专业的渣土公司运至指定的弃渣场堆放。

3. 拆迁固废及破拆混凝土综合处置

(1)设计减量化措施

南京至句容城际轨道交通工程设计阶段,采用在红线内设置临时场地、统一规划预制场等措施,有效减少了破拆混凝土、拆迁固废的产生。

(2)再生及利用措施

南京至句容城际轨道交通工程产生的破拆混凝土、工程弃渣等固体废物采用破碎、制作砂石骨料、制作机制砖等方式利用。截至调查时,该工程拆迁废弃建筑垃圾约 1 200 m^3,均委托专业单位进行综合利用。综合利用过程中,通过筛分机剥离废弃钢筋等可直接把材料出售给收购企业,剩余混凝土块等经破碎机处理成标准料,作为砂石骨料进搅拌站加工成再生骨料、低强度装饰砖或直接做垫层等。

截至调查时,约生产再生骨料及粉质砖 2 400 t。根据研究测算,整个项目完成后,共计约产生 248 493 t 可回收利用的拆迁垃圾,参照其他企业回收效益计算,如果充分利用,通过节约成本共可产生经济效益 248 万元。

(3)减少弃土弃渣的临时堆放

南京至句容城际轨道交通工程产生约141.00万m^3弃土弃渣。整个施工过程中,弃土弃渣不设弃土场,在场地内临时堆放后运至市政指定消纳场所,故该工程弃土弃渣不直接占用生态效益,可减少占地损失约211万元。

2.4 噪　　声

2.4.1 噪声污染特征

1. 施工噪声源强

地铁的修建是一个漫长的施工过程,需要使用各种大型施工机械长期作业,产生的噪声难免会对周边环境产生持续的影响。不同施工阶段所采用的高噪声施工设备噪声源强情况见表2.17。

表2.17 施工主要施工作业和机械噪声级

施工阶段	声　源	测点距离(m)	$L_{Aeq,1min}$	频谱特性
拆除阶段	拆撕楼板	25	94.5～100.2	中高频
	楼板砸地	25	100.4～105.4	中高频
	装运渣土	10	92.4～97.6	中频
土方工程	挖掘机	7	81.5～84.1	中频
	击打钎子	7	75.1～84.5	中频
主体结构	混凝土搅拌机	7	92.3～95.0	中频
	混凝土泵	7	83.5～92.6	中低频
	插入式振动棒	7	82.2～94.7	中低频
	1.1 kW夯土机	7	76.9～94.8	中频
	空气压缩机	7	87.5～98.1	中频
装修阶段	电砂轮	1	93.5～96.5	中高频
	电锯	1	89.9～106.3	高频
	电钻	1	91.5～99.7	中高频
	气铆机	1	96.5～111.7	高频
	水磨石机	7	91.4～98.5	中高频
	钢模板作业	10	94.1～108.5	高频
	钢件作业	10	91.3～128.9	高频

2. 噪声传播距离

施工噪声随着传播距离的增加,噪声值不断减少,噪声值随距离变化情况见表2.18。根据《建筑施工场界环境噪声排放标准》(GB 12523—2011),各施工机械噪声达标距离情况见表 2.19，土石方阶段的昼间达标距离为 9～51 m，达标距离最大的是风镐，其他施工设备的达标距离在 40 m 以内，因此土石方阶段施工时，施工设备应距离场界至少 40 m 以上施工；结构阶段的昼间达标距离为 62～93 m，施工设备在距离场界至少 100 m 以上，场界噪声昼间有可能达标。

表 2.18　施工机械噪声距离衰减分析结果

施工阶段	施工机械	噪声值[dB(A)]										
		5 m	20 m	40 m	60 m	80 m	100 m	120 m	140 m	160 m	180 m	200 m
土石方阶段	挖土机	76.9	64.9	58.8	55.3	52.8	50.9	49.3	48.0	46.8	45.8	44.9
	装载机	74.8	62.8	56.7	53.2	50.7	48.8	47.2	45.9	44.7	43.7	42.8
	长臂挖机	78.6	66.6	60.5	57.0	54.5	52.6	51.0	49.7	48.5	47.5	46.6
	空压机	81.3	69.3	63.2	59.7	57.2	55.3	53.7	52.4	51.2	50.2	49.3
	风镐	90.1	78.1	72.0	68.5	66.0	64.1	62.5	61.2	60.0	59.0	58.1
结构阶段	鼓风机	92.3	80.3	74.2	70.7	68.2	66.3	64.7	63.4	62.2	61.2	60.3
	圆盘锯	95.8	83.8	77.7	74.2	71.7	69.8	68.2	66.9	65.7	64.7	63.8
	切割机	95.4	83.4	77.3	73.8	71.3	69.4	67.8	66.5	65.3	64.3	63.4

注：距噪声源 5 m 处为实测值。

表 2.19　施工机械噪声达标距离

施工阶段	施工机械	达标距离(m)	
		昼　间	夜　间
土石方阶段	挖土机	12	63
	装载机	9	49
	长臂挖机	14	76
	空压机	19	103
	风镐	51	280
结构阶段	鼓风机	62	346
	圆盘锯	93	518
	切割机	88	495

2.4.2 噪声控制方法

1. 噪声源头控制

(1)施工场地选址

施工场地选址应避免设置在集中居住区域，尽量选择靠近现有道路一侧，周边无大型居住小区、学校、医院等敏感目标的位置。

(2)施工机械合理布局

在施工场地中，有些噪声源的位置不固定，如一些行走作业的机械，还有施工位置随建筑主体的施工进度而变化的作业内容。但有些基础建造材料的加工处理位置是固定的，在同一地点进行加工，再利用人工或运输吊装工具搬运到其他需要的地方，即声源位置固定，如钢筋的加工、木工加工等。针对这类固定的噪声源，可以在工地布置的前期进行合理规划，使其远离周边的敏感建筑物，采用“动静分区”“合理布局”的原则进行设计。

(3)施工机械的降噪改造和养护

①技术升级

对施工中必须使用的机械设备进行技术升级，降低噪声源的发声功率和辐射功率，在原施工的基础上大大减小噪声的危害。

②设备振动处理

设备振动是噪声产生的主要表现形式，在施工机械的选择过程中选择弱振动的机器能减少噪声的干扰，或者配置与设备配套的防振垫也能达到同样的效果。

③机器的妥善保养及零件维护

在机器长期使用过程中摩擦噪声愈来愈严重，妥善保养不仅能延长机械设备的使用寿命，也能降低噪声污染的程度。施工过程中机械设备的磨损造成整个系统的衔接不畅也会产生噪声，及时更换损坏的常用零件，是保证系统运行顺畅，噪声防治的良方。

2. 传播途径上的控制

(1)声屏障

针对工地上体型较大且不宜全部覆盖的机械，可以采用声屏障的形式。声屏障的基本形式是垂直安装的反射性薄板。可用来作为声屏障的材料有很多，包括水泥、木板、钢板、砖、塑料、PVC 和玻璃纤维等。当噪声发出的声波到达声屏障时，将分为三部分，一部分越过屏障顶部到达受声点，一部分穿过屏障到达受声点，另一部分在屏障面上产生反射。

(2)隔声罩

针对施工中用到的体积不大、形状较为规则的,或者虽然体积大,但是空间及工作条件允许的机械,例如空压机、水泵、小型柴油发电机等,可以使用隔声罩将声源封闭在罩内,以减少向周围的声辐射。

3. 接受者的防护

建筑围护结构本身具有一定的隔声量,不同的构造形式其隔声量不同。但是当室外噪声大到一定程度时,室内的声压级会超过《声环境质量标准》(GB 3096—2008)中的规定,给人们带来不舒适感。由于施工项目是在周边敏感建筑建成后开始进行,要想提高室内受声点的声环境质量,只能对建筑围护结构即门窗和墙体进行相应的改造。由于墙体的改造工程量较大,且效果不够显著,因此改造的重点在于门窗。典型窗户的空气声隔声量取决于其玻璃和窗框本身的隔声性能和窗户的气密性,因此可以针对这两点进行提升。当窗台宽度允许时,可在内侧或外侧增加一层临时窗成双层窗,新加的窗户可选择气密性较好的单层窗,在两层窗户之间形成空气间层,可以有效隔绝噪声。

2.4.3 噪声控制实践总结

1. 源头控制

以南京至句容城际轨道交通工程为例,各施工场地采用低噪声施工机械进行施工,专门安排人员定期对机械进行妥善保养和零件维护,及时更换损坏的常用零件,减少使用过程中的摩擦噪声。

2. 传播途径控制

南京至句容城际轨道交通工程高架段实施声屏障的降噪措施,根据敏感点高度不同分别采取 3 m 或 4 m 高(声屏障高度是指高于轨面的高度)直立式声屏障和半封闭式声屏障等不同规格的屏障。对西村、张肖庄、高家、庄里、汤家、碧桂园—柏丽湾、碧桂园—翰林苑、碧桂园国际学校、黄梅中学、黄梅中心幼儿园、逸品汤山熙园、莲塘村等敏感点采取 4 m 高声屏障措施;对东郊小镇第二街区、东郊小镇第一街区、晨光社区、后村东、金丝岗、孟庄、侯家塘、古泉村、王家桥、黄栗墅、水魔方员工宿舍、丁墅、汤山管委会、后巷、碧桂园—宝贝城、碧桂园—凤仪苑、北部新城、维也纳花园、水畔御景采取 3 m 高声屏障措施;新建队、李家庄、锦泉苑采取半封闭声屏障;同时全线预留声屏障实施基础条件。对噪声水平较高的设备,采取隔声罩措施,施工结束后及时关闭设备。

3. 管理措施

(1)合理安排施工时间

南京至句容城际轨道交通工程施工合理安排建筑施工程序,将特别嘈杂的施工活动安排在一天中不太敏感的时间段,尽量避免夜间施工,尤其避免将大型高噪声机械设备的项目安排在夜间,如进行打桩作业、连续搅拌混凝土及混凝土浇筑。确保在夜间22:00至次日6:00期间,仅安排噪声较小的施工内容。此外,施工方对运输车辆加强管控,尽可能将建筑材料的运输工作安排在白天,并注意不随意鸣笛,避免对周边居民夜间休息造成影响。另外,考虑到人们的午休,施工方注意昼间将施工时间和人们休息时间错开,减少对周边居民正常生活造成干扰。

(2)规范工人施工行为

对于工人在施工过程中,由于施工不规范而造成的施工噪声,南京至句容城际轨道交通工程通过规范施工行为来进行控制,主要控制施工工人的呼喊噪声、车辆鸣笛声、材料的碰撞声等。

4. 噪声的实时监控

南京至句容城际轨道交通工程对所有施工场地采用在线监测技术对施工期间的环境噪声进行24 h实时监控测量。该系统为建筑施工噪声实时监控系统,通过对噪声数据的采集、分析和处理,能够为噪声管理提供客观的数据依据。一旦监控到场界噪声超出《建筑施工场界环境噪声排放标准》(GB 12523—2011)规定的相应限制,可立即采取有效措施,通过查看实时监控,有效切断噪声污染源。

2.5 生态影响

2.5.1 生态空间管控区生态环境保护

1. 城市轨道交通建设工程与生态空间管控区的关系

以南京至句容城际轨道交通工程为例,对照《江苏省生态空间管控区域规划》,宁句城际线路涉及大连山—青龙山水源涵养区生态空间管控区;对照《南京市生态红线区域保护规划》,宁句城际线路涉及大连山—青龙山水源涵养区、南京汤山国家地质公园二级管控区,宁句城际与生态空间管控区的位置关系详见表2.20。

表 2.20　宁句城际与生态空间管控区的位置关系

生态敏感区名称	所在区域	与线路相对关系	
		线路相关路段	生态空间管控区
大连山—青龙山水源涵养区	江宁区	东郊小镇站—侯家塘站	涉及生态空间管控区，穿越总长度 984 m
南京汤山国家地质公园	江宁区	侯家塘站—汤泉西路站	涉及生态红线二级管控区，进入长度 213 m

2. 设计阶段的保护措施

(1)设计单位对不良地质路段作了专项勘探和设计。

(2)建设单位委托环保咨询单位编制了《穿越大连山—青龙山水源涵养区生态研究报告》和《南京至句容城际轨道工程穿越汤山国家地质公园生态影响研究报告》，对穿越段的地质情况做了详细的专题报告，并提出针对性的防护措施。

3. 施工组织阶段的保护措施

(1)开工前树立宣传牌

在施工人员进入生态红线区域路段进行施工之前，在工地周边设立了临时宣传牌，简明扼要书写以保护自然为主题的宣传口号和有关法律法规，有关爱护野生动植物和自然植被、处罚偷捕偷猎、简单救护方法等内容，如图 2.36 所示。

图 2.36　宣传牌

(2)对施工人员进行集中教育及培训

对施工人员进行生物多样性保护的法律、法规及知识的宣传和培训，提高保护生物多样性意识，杜绝施工区任何破坏生态环境的行为，如图 2.37 所示。加强监督管理，坚决杜绝盗伐、偷猎等非法活动，严禁施工人员猎捕野生动物。

施工前以及施工期间，开展针对承包商、工程监理、环境监理、施工人员的生态保护培训。宣讲《中华人民共和国环境保护法》《关于加强资源环境生态红线管控的指导意见》等国家有关生态环境保护的法律、法规、条例、政策，以及划定生态红线的目的及其重要意义等。此外，还向施工人员发放宣传册、图片、纪念卡、明信片等，加强宣传教育工作。

图 2.37 施工现场集中教育和培训

4. 施工过程中的保护措施

(1)严格控制施工临时用地

施工过程中，不在生态红线范围内设置各种临时施工场地、堆料场、施工车辆冲洗维修点及施工营地。施工现场用地范围周边设置围挡，并设置安全警示标志，如图 2.38 所示。工程施工中的临时便道均利用已有道路，施工人员、施工车辆以及各种设备按照规定的路线行驶、操作，不随意改变行驶路线。工程施工过程中，严格按设计的弃土、弃渣场进行弃料作业，并根据南京市、句容市的相关规定和要求，将工程施工产生的弃土、弃渣按照城市固体废弃物管理处要求处置。

图 2.38 严格控制施工临时用地

(2)选择合适的施工时期

南京至句容城际轨道交通工程施工过程中，缩短在红线区内的施工作业时间，避开鸟类和兽类的繁殖期，最大限度地降低工程施工对区域生物多样性的影响。

(3)实施施工环保监理管理措施

南京至句容城际轨道交通工程在整个施工期内，由项目监理部门和建设部门的环保专职人员担任生态监理，采用巡检监理的方式，检查生态保护措施的落实及施工人员的生态保护行为。

(4)加强野生动物保护,减少环境干扰

施工过程中,加强对周边野生动物食源、水源、繁殖地、庇护所、栖息地的保护,保障其活动路线的畅通。杜绝盗伐、偷猎等非法活动和驱赶野生动物的不良行为,并加强火灾的防控。在红线区域周边施工时,均安排在白天进行,夜间(晚上20:00～次日6:00)禁止施工;在红线区内施工时,使用低噪声设备,并采取临时隔声措施;在动物活动附近进行施工时,保留一定的施工保护地带,减少对动物的影响;在施工地界周围布置栅栏、围墙等必要的设施,避免动物误入工地自伤其身。

(5)植被、林地保护措施

在林地穿越段减小施工作业带宽度,禁止施工人员砍伐施工作业带以外的树木。施工作业场内设施采用成品或简易拼装方式,减轻对土壤及植被的破坏;施工前将耕作层土壤进行剥离,单独保存,如图2.39所示。减小沿线施工作业带宽度,不随意扩大范围和破坏周围农田。

图2.39　植被、林地保护图

(6)对地下水影响减缓措施

在隧道施工中,建设单位采取了设置衬砌夹层防水层、化学压浆等切实有效的防水和防渗措施。

(7)水土流失防治措施

合理安排施工进度及施工时间,不在雨天和大风天开挖施工作业。缩短施工期,使土壤暴露时间缩短,并快速回填。在开挖土石方时做到随挖、随运、随铺、随压,废弃土方及时清运处理。土石方回填宕口后适当压实,并略高于原地面,防止以后因地面凹陷形成引流槽,并根据地形增高回填标高以阻断槽流作用。对开挖土方适当拍压,旱季表面喷水或用织物遮盖;在临时堆放场周围采取防护措施;在土石方堆场设立截流沟,防治施工区地表径流污染地表水体。

5. 施工结束后的恢复措施建议

(1)植被、林地保护及恢复措施建议

施工结束后及时对临时占地进行植被恢复工作,根据因地制宜的原则视沿线具体情况实施。原为农田段,复垦后恢复农业种植;原为林地段,原则上复垦后恢复林地,不能恢复的应结合当地生态环境建设的具体要求,可考虑植草绿化。林地损失应按照“占一补一”的原则进行经济补偿和生态补偿。

(2)生态恢复与补偿措施建议

为补偿施工期间,工程对“大连山—青龙山水源涵养区”水源涵养功能造成的不良影响,同时在工程结束后“大连山—青龙山水源涵养区”的水源涵养功能进一步提高,南京至句容城际轨道交通工程将“大连山—青龙山水源涵养区”范围内工程产生的约 12 万 m^3 土石方计划全部用于该生态红线区青龙山、凳子山宕口的生态修复工程。在土石方回填的基础上,对该两处宕口中的 10 000 m^2 范围进行植被覆盖。

(3)景观保护措施

开展景观设计,使轨道工程构筑物及隧道洞口形状、色彩、质感、体量与保护区及周围环境相协调,降低对周围景观环境的影响。完工后施工便道立即恢复原貌;项目建成后及时整地恢复植被,全面绿化、美化。施工过程中占用的园林景观绿地,通过有效的绿化恢复措施(如在出入口上方设置花坛),减轻工程对景区绿化的影响。

2.5.2　隧道洞口生态保护

南京至句容城际轨道交通工程穿越的青龙山隧道采用矿山法施工,采用单洞双线断面,其中在“大连山—青龙山水源涵养区”内长度 818 m,西侧洞口不在生态空间管控区内。通过生态样方调查,了解当地植被情况,并在此基础上,结合当地景观要求,优化洞口生态修复方案。

1. 设计阶段青龙山隧道洞口生态恢复方案及存在问题分析

(1)青龙山隧道洞口生态恢复方案

设计阶段青龙山隧道洞口采用斜切式洞门(图 2.40),骨架为方格式 M10 浆砌片石,骨架嵌入仰坡内;方格内采用喷播植草。骨架护坡起、终点侧边、底部基础,顶部及两侧 0.5 m 范围内用 C25 混凝土镶边加固。

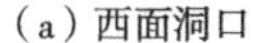
(a) 西面洞口

(b) 东面洞口

图 2.40　设计阶段青龙山隧道洞口立体图

(2)存在问题分析

现场调查发现,青龙山隧道洞口边坡多为岩石质高陡边坡,植物立地条件差,水土流失严重,部分边坡失稳。因此采用喷播技术抗冲刷能力弱、黏滞度不足,无法抵抗瞬时强降水,易形成径流沟,造成逐步退化;而且喷播土壤厚度不足,缺少大型植物基本立地条件,景观塑造性差。

2. 青龙山隧道洞口生态恢复方案改进建议

建议采用坡面岩体快装生态模块(MREM)技术进行洞口植被的修复。

(1)原理

MREM 是利用仿生学与生态学原理快速为裸露边坡再造植被层的修复技术。该技术模块由保水式营养基质囊、棕丝长纤维及不锈钢网格罩构成。

①保水式营养基质囊:位于模块的中央部位,里面有封闭的保湿营养成分,经过配比的灌木乔木种子以及一些微生物菌,可确保留住水分,并保证在一年四季都能让山体长出绿色植物。

②棕丝长纤维:包覆在保水式营养基质囊的四周。

③不锈钢网格罩:位于棕丝长纤维外部,安装在模块最外部的不锈钢网格罩,可确保遇到大雨或者其他极端天气的情况下,都不出现水土流失的现象。

(2)技术优势

该技术具有植物成活率高、微生物效用好、维护成本低、适用范围广、蓄水能力强、绿色无污染等诸多特点,能快速为受损的山体再造植被层,特别适用于高陡石质边坡的生态修复工程。

(3)修复步骤

①场地平整,坡体评估:分析坡体结构与稳定性;分析土壤营养组成;对倒角、巨石处进行修整。

②土壤基层建设:因地制宜,构建包括土层、营养等因素的植物立地条件,优选植物体现生态与人文。

③工厂化预制生产:所有材料工厂集约化生产,有效控制质量,提高效率,缩短工期。

④MREM 模块安装:现场人工装配式安装,极大降低现场污染物排放,且天气影响大幅度降低。

⑤前期养护:根据气候条件实施初期养护。

3. 洞口周边恢复植被的选取

隧道洞口边坡植被恢复选育原生性的乡土草本植物,洞口周边植被修复选用朴树、构树、法国梧桐为主,春天搭配樱花、夏天搭配紫薇花、秋天搭配枫树、冬天搭配梅花,灌木选用苜蓿、榆叶梅和女贞,如图 2.41 所示。

图 2.41 洞口周边植被恢复种类建议

植被修复的选择体现了一个城市的厚重历史和现代化都市城市文化底蕴，将其精神体现在城市轨道交通线上，通过城市轨道交通线将这个城市的精神不断传承，并去影响更多的人。一个城市的人文城市轨道交通打造，可以赋予城市轨道交通一定的文化内涵，人文城市轨道交通已不仅仅是交通工具，更重要的是给在搭乘城市轨道交通出行的乘客展示了美丽的植被。一方面将城市文化和人文精神纳入其中，另一方面则充分体现了现代的科技和对文化的追求。人文城市轨道交通实际上是城市文化的缩影，是城市精神的物化，同时也是城市实力的一种展示。

2.5.3 车站及车辆段景观保护措施

1. 设计阶段车站及车辆段景观保护措施

南京至句容城际轨道交通全线共设 13 座车站和 1 处句容车辆段。设计阶段对车站及车辆段提出如下景观保护措施：

(1)工程建成后，对车站出入口、风亭和冷却塔等附近的地面进行绿化、美化，确保工程绿化设计具有一定比例的花卉种植面积，如图 2.42 所示。一方面能改善风亭进出口的 2 环境空气质量，另一方面将车站出入口及风亭等尽量布置于道路人行道和道路旁绿化带中，减少工程永久占地影响，对美化周围环境和城市景观也有重要作用。

(2)该工程车辆段选址位于郊区，周边主要以交通用地为主，由于句容车辆段占地数量较大，施工期间原有的地表植被被破坏。因此，待场内的生产设施及配套生活设施等建成后，根据南京市和句容市有关场区绿化美化的要求，对车辆段内进行绿化，根据南京市城市绿化条例，车辆段内的绿化面积不少于 30%。

图 2.42 洞口周边植被恢复效果参考

(3)车站及车辆段周边的绿化设计优先考虑当地乡土植物,也可以选择果树,但一般偏重常绿和花卉种类,将乔、灌、花、草坪有机结合,并利用植物枝条颜色和花色进行搭配,加之季相变化,构成丰富多彩的四季景观。在遮挡轨道交通内部较为复杂的工作场地环境的同时,与附近居民区之间形成了一道绿色的屏障,共同构成一片绿色风景。绿化设计方案如图 2.43～图 2.50 所示。

2. 车站及车辆段景观保护措施建议

(1)车站出入口、风亭和冷却塔等附属建筑物的设计首先要考虑与既有或新建建筑物的结合,其设计高度、体量、风格、色彩等应与所处的自然、人文环境及城市景观相协调,并保持高绿地率特征,增加绿色开敞空间;其次考虑独立设置,设计成不同的造型,使其既能与周围建筑物相协调,又能保持一站一景的独特性,点缀城市景观,美化城市生活环境,使每个出入口、风亭和冷却塔都成为城市一件艺术品。

(2)车站及车辆段绿化景观的恢复,应依照"宜草则草,因地制宜"、原生性、特有性的基本原则,种植当地生态系统中原有的植物种类及区域地带性植被中的优势灌木草本植物,在阻止外来物种入侵的同时,还能降低工程对景观、生物群落造成的不利影响。

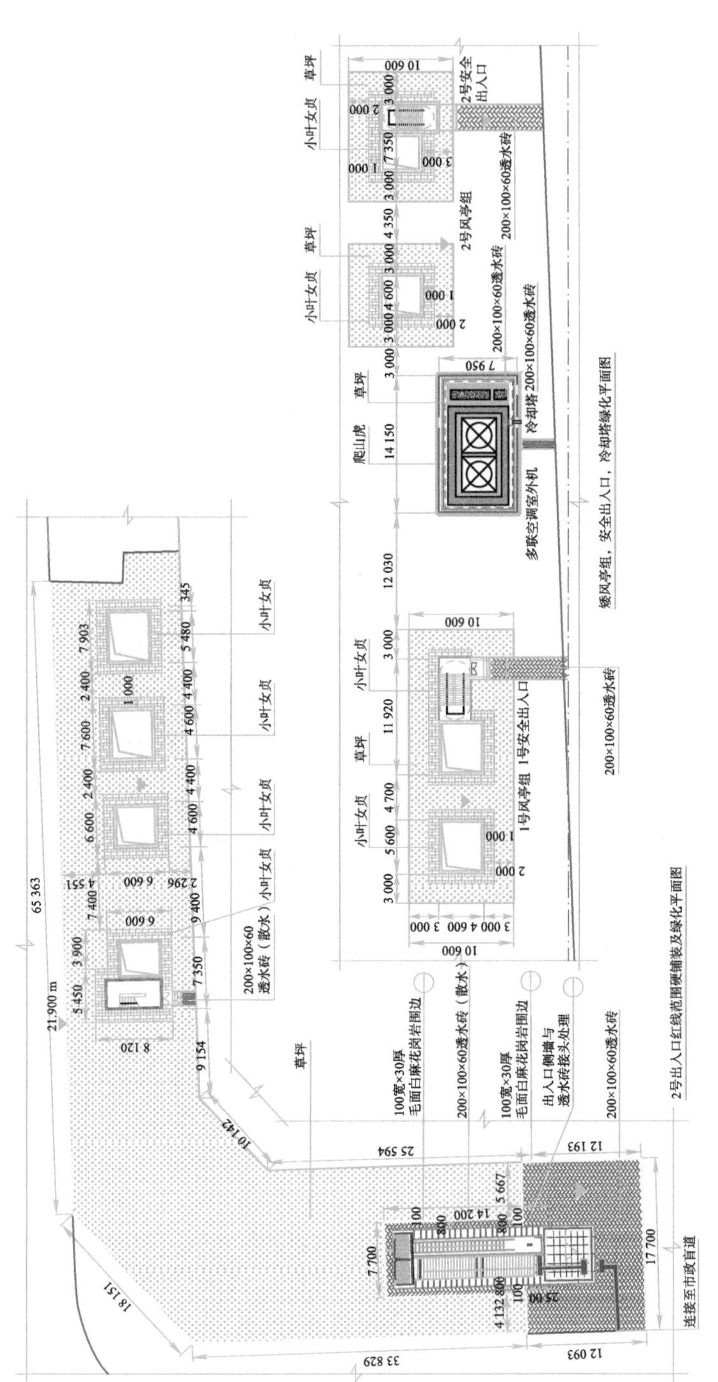

图 2.43 句容站 2 号出入口、矮风亭组、安全出入口及冷却塔绿化设计方案(单位:mm)

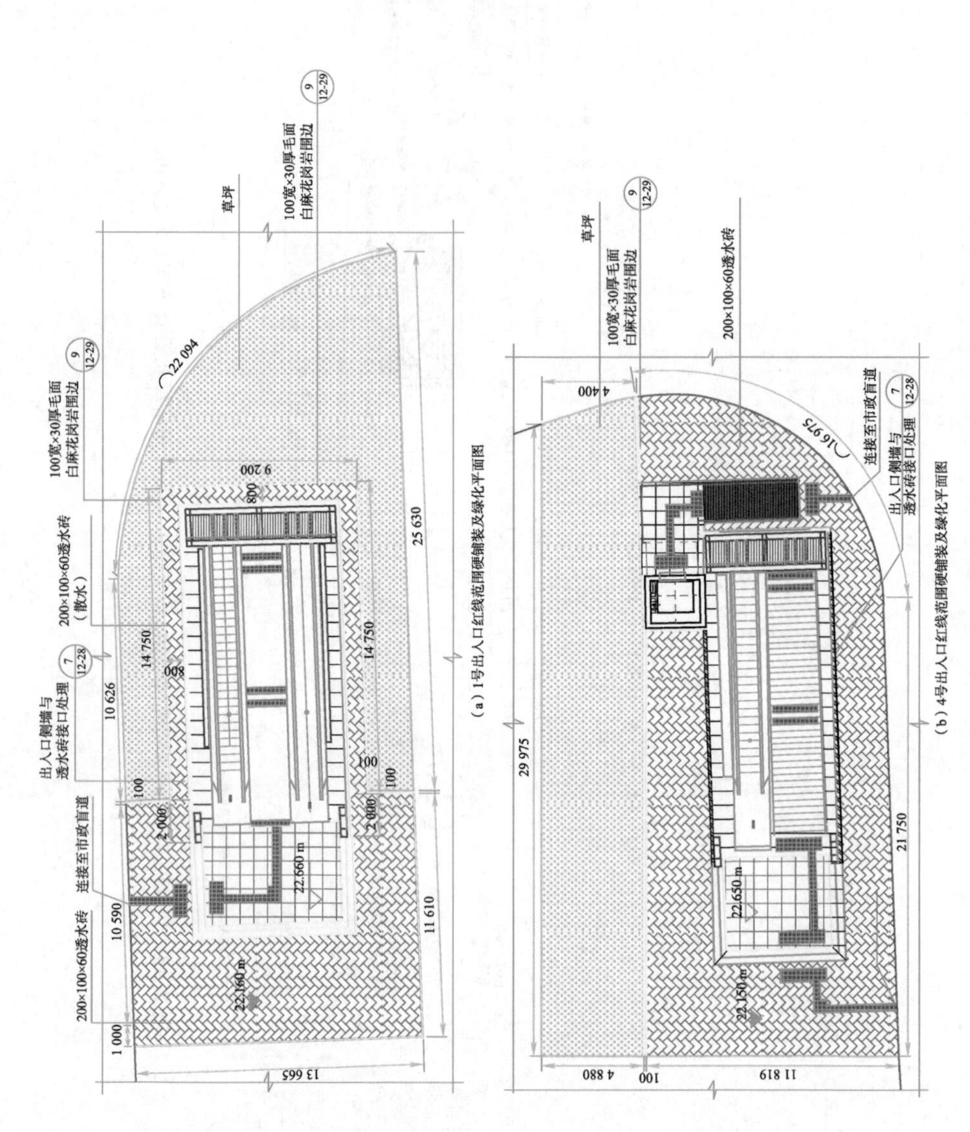

图 2.44 句容站 1 号出入口、4 号出入口绿化设计方案（单位：mm）

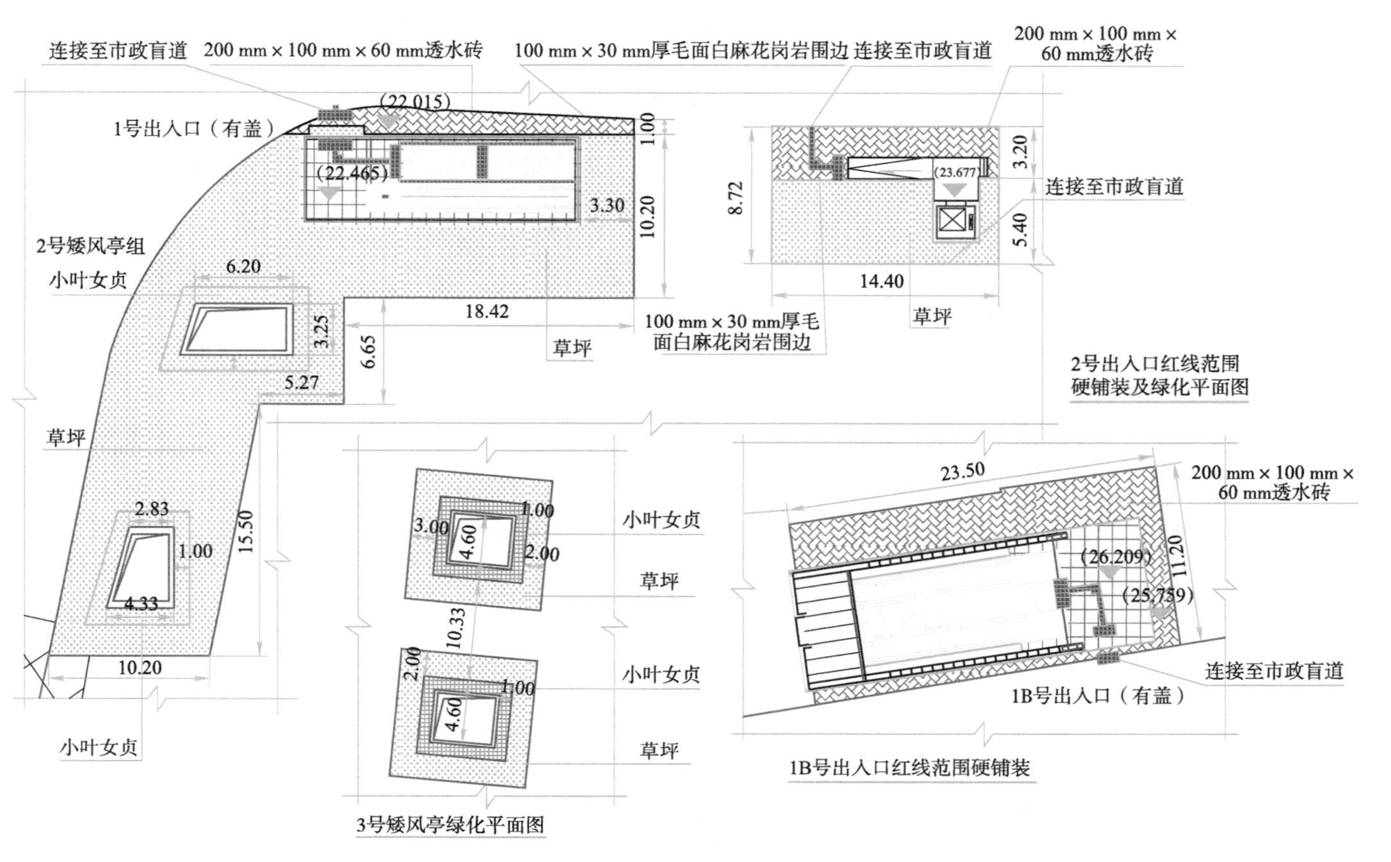

图 2.45　麒麟门站(原麒麟镇站)2号出入口、IB号出入口、3号矮风亭绿化设计方案(单位:m)

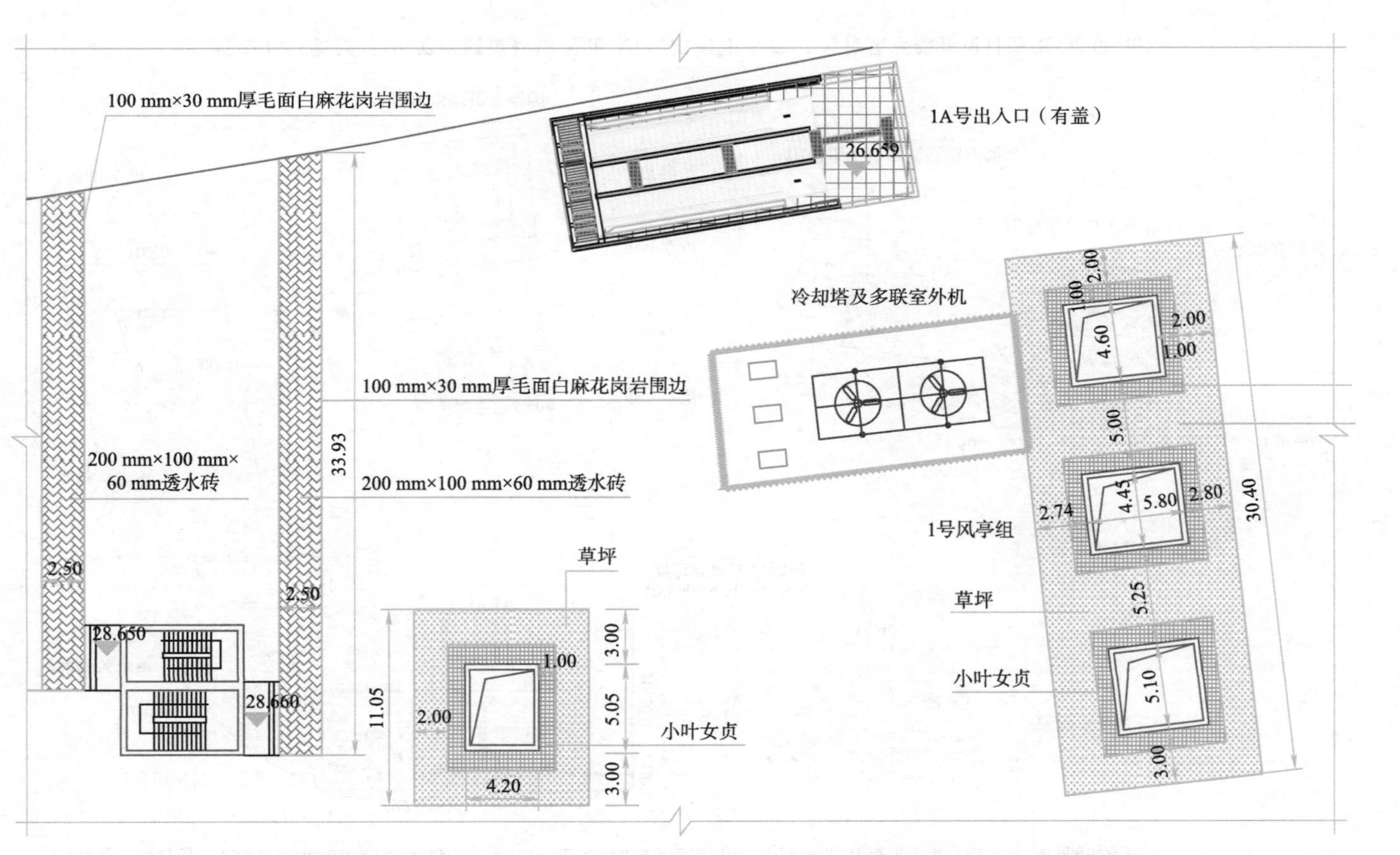

图 2.46 麒麟门站（原麒麟镇站）1A 号出入口、2 号风亭组、冷却塔、安全出入口绿化设计方案（单位：m）

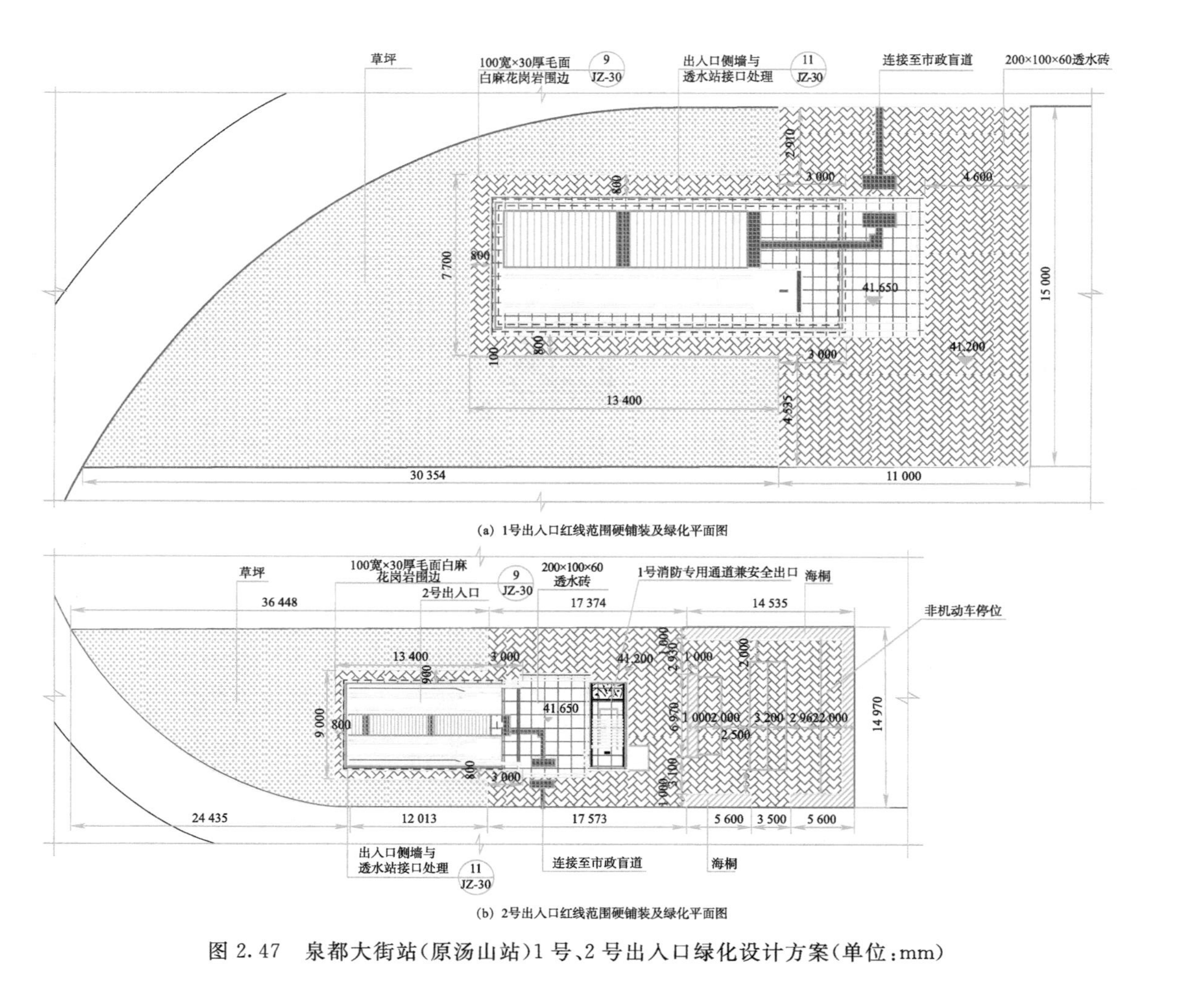

(a) 1号出入口红线范围硬铺装及绿化平面图

(b) 2号出入口红线范围硬铺装及绿化平面图

图 2.47 泉都大街站(原汤山站)1号、2号出入口绿化设计方案(单位:mm)

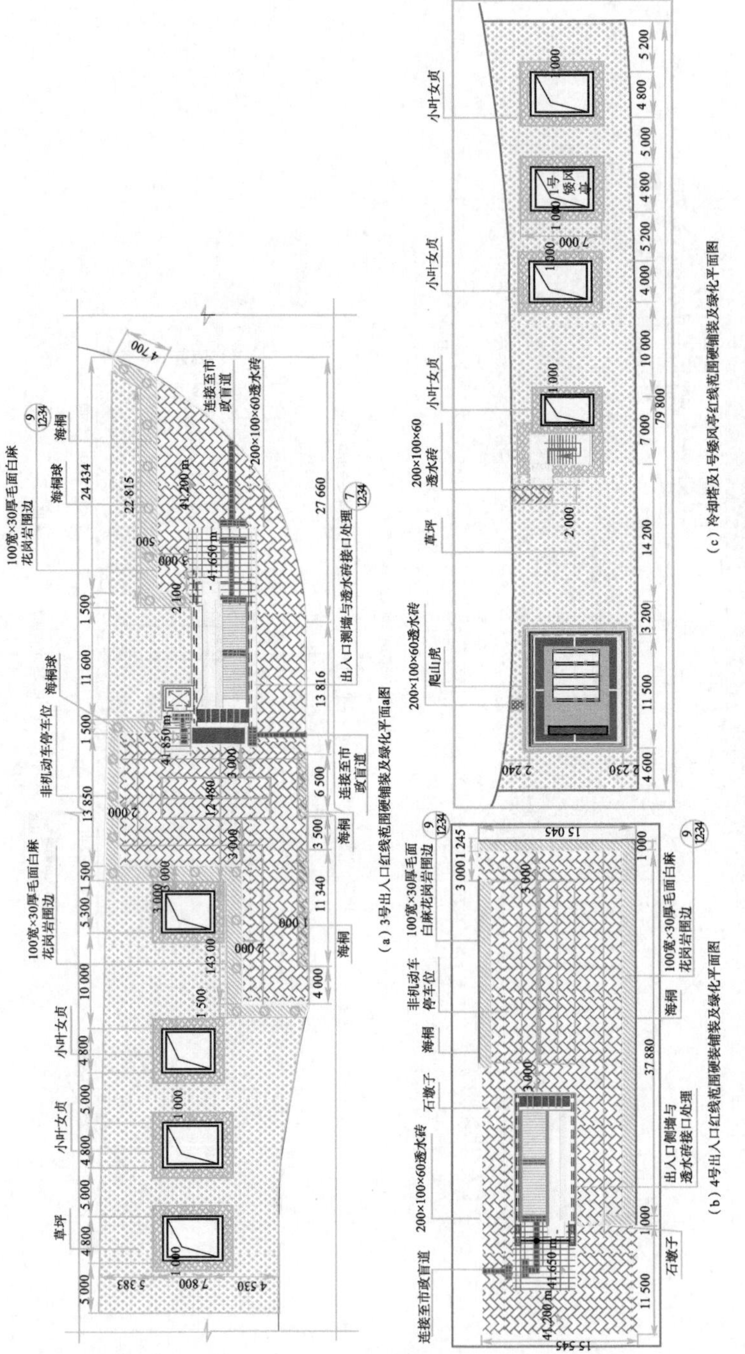

图2.48 泉都大街站(原汤山站)3号、4号出入口、冷却塔绿化设计方案(单位:mm)

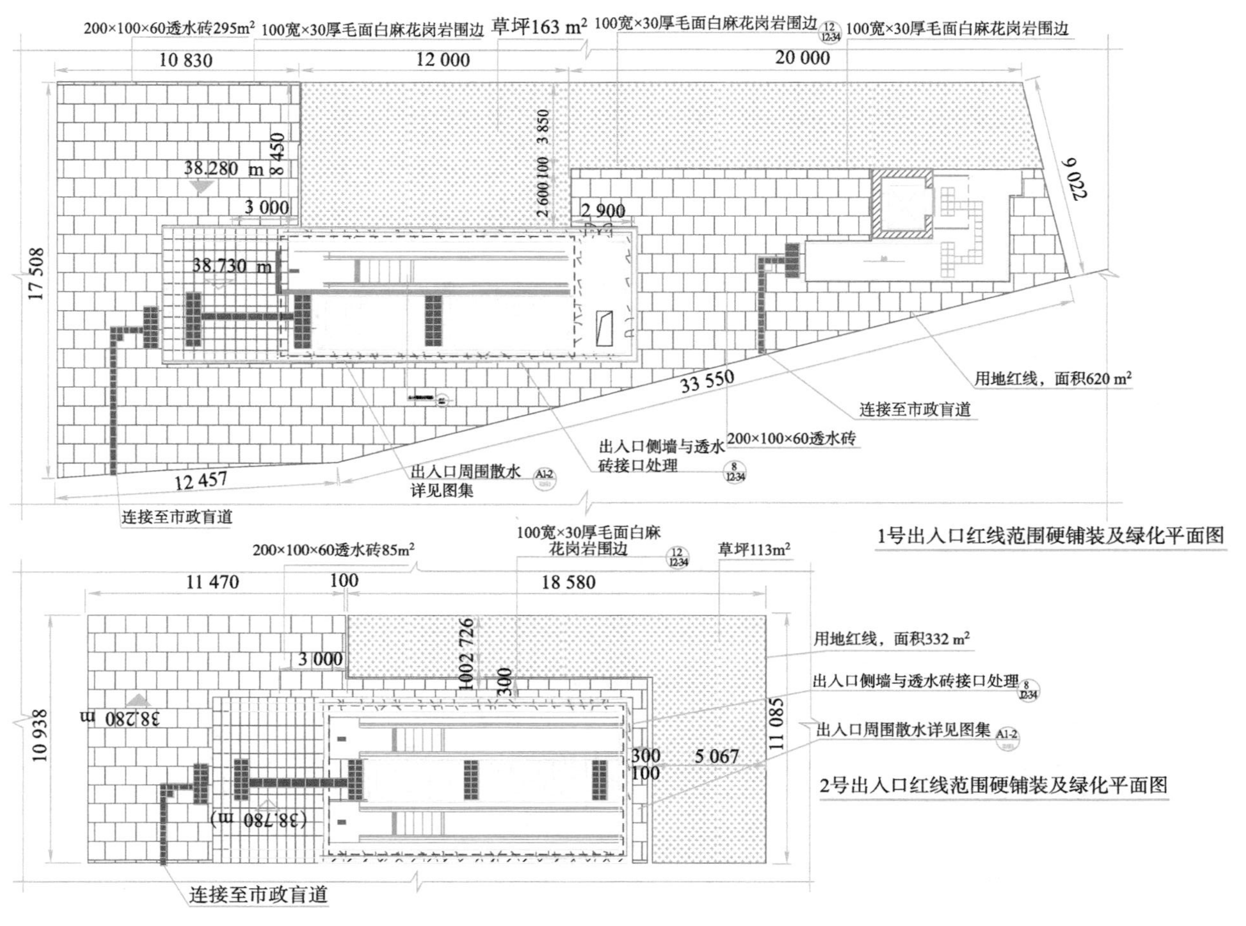

图2.49 汤山站(原汤山镇站)1号、2号出入口绿化设计方案(单位:mm)

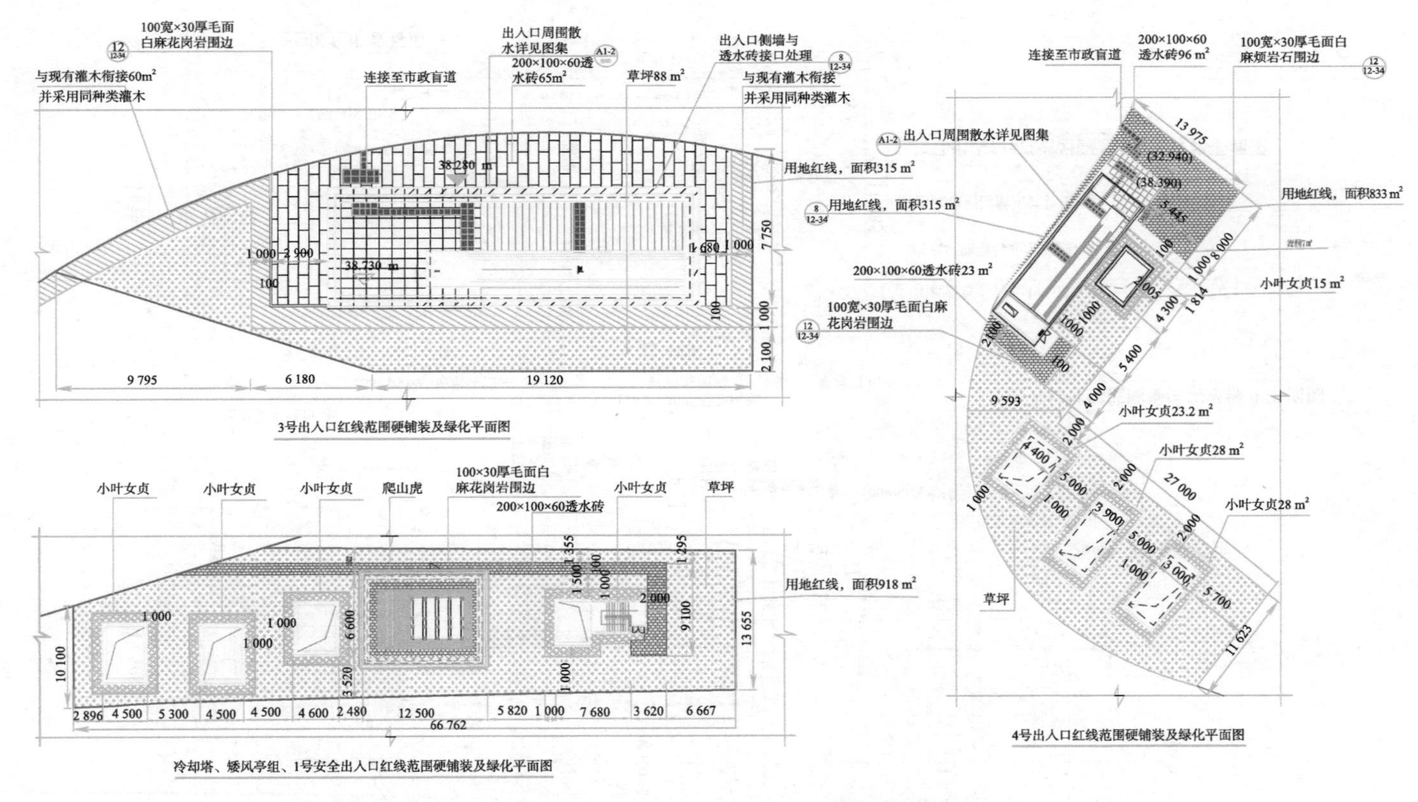

图 2.50 汤山站(原汤山镇站)3号、4号出入口、冷却塔、矮风亭组绿化设计方案(单位:mm)

(3)在车站及车辆段地面建筑物设计时，建议从以下三方面考虑其绿化美化效果：

①亮化(光彩工程)工程：在夜景照明中除了一些功能照明外，也应作景观照明处理。在一些重点的景观中心，为了强调它在夜晚的景观效果，应加设一些射灯和草坪灯。

②植物工程：在构成城市景观的各个要素中，真正起美化作用的要素是植物。城市景观系统是一个有机的整体，而许多构成要素的特殊组合又使城市景观系统本身具有了一定的规律性、韵律性和统一感。因此通过合理运用各种植物，根据它们自身的特点和功能来进一步表现城市景观系统特点和创造更美丽的植物景观，并在功能上优化整个城市景观系统。

③结构比例的选用：和谐的比例与尺度是建筑形态美的必要条件，几乎所有的美学家、建筑学家都一致认为比例在建筑艺术上的重要性。合乎比例或优美的比例是建筑美的根本法则，适宜的数比关系是建筑形式美的理性表达，是建筑外观合乎逻辑的显现。工程建筑和谐美，体现在量上就是寻求比例与尺度的协调，因此对风亭、冷却塔等建筑这种单维突出的结构，协调比例尤为重要。

2.5.4　历史文化名城和文物的保护

1. 城市轨道交通建设工程与历史文化名城和文物的关系

以南京至句容城际轨道交通工程为例，该工程涉及历史文化名城和文保单位情况见表2.21。

表2.21　南京至句容城际轨道交通工程与历史文化名城保护规划的位置关系

历史文化名城保护规划		里　　程	与线路的关系
一、整体格局和风貌			
名城山水保护环境	汤山温泉——阳山碑材风貌保护区	K5＋280～AK21＋600	K5＋280～K7＋650、K19＋250～K21＋600与保护区西北侧、东侧相切
历代都城格局保护	明代都城格局——南京外郭城墙	K3＋100～K3＋230(白水桥东站与麒麟站区间)	区间下穿的南京外郭城墙地上部分已经不存在，现状为文荟路
二、文物古迹			
文物保护单位	邓演达烈士殉难处(市保)	K4＋900～K5＋050(麒麟镇站—东郊小镇站)	区间进入建控地带，侵入文物建控线约9 m，实体距离线路68.9 m
	南京外郭城墙(不可移动)	K3＋100～K3＋230(白水桥东站—麒麟镇站)	下穿本体；与外郭处地面竖向净距15.7 m；车站端部盾构井明挖部分局部进入外郭50 m保护线，但距离本体线38 m

续上表

历史文化名城保护规划		里　程	与线路的关系
文物保护单位	古泉渡槽（不可移动）	K12＋200～K12＋250（侯家塘站—汤泉西路站）	上跨本体；现状古泉渡槽在汤泉西路范围内文物本体已被拆除
	汤山工人疗养院	K18＋060～K18＋360（汤泉西路站—汤山镇站）	位于宁句线西侧，线路距离文物线最近约 5.8 m，距离本体建筑最近约 12 m
	城上村遗址（全国重点文物保护单位）	K35＋817～K36＋350（宝华山站—杨塘路站）	区间进入建控地带，距离遗址保护线最近处约 78 m。
三、古镇古村			
一般古镇古村	一般古镇——汤山镇	—	侯家塘站与汤山站区间，包括汤泉西路站、汤山镇站、汤山站三座车站

2. 历史文化名城和文物保护概况

(1)汤山温泉——阳山碑材风貌保护区

优化设计方案，东郊小镇站到汤泉西路站区间为高架敷设方式，主要沿路侧绿化带敷设，建筑高度、体量、风格、色彩等与其所处的山水环境相协调；汤山镇站车站主体及北侧部分区间均采用地下敷设方式，减少了对名城山水的景观影响，车站出入口、风亭等附属的设计风格、色彩等与所处的山水环境相协调。

①东郊小镇站—锁石村在沿道路侧预留 6 m 以上绿化隔离带，种植了桃花和水杉等观赏性较强的花灌木和分支较低的乔木。同时在沿绿地一侧根据场地原有树木进行补植，种植具有观赏性的本地花树，保证南侧绿地的生态性和美观性；锁石村边坡处理采用格子梁等锚杆挡墙稳固边坡，同时在结构上预留 200 mm 以上种植土，种植蕨类植物、杜鹃等耐荫地被和灌木。建议在坡上增强绿化，形成生态护坡。

②锁石村—汤泉西路站的穿山方案线路离公路较远，对主路上的景观视线几乎没有影响。涵洞最高处约 7 m，相对青龙山山体而言体量较小；通过在涵洞入口周边种植大面积花树，使穿过隧道的瞬间成为句宁线富有标志性的景观体验。

③汤山城镇段采用了绕汤山镇方案，将沿汤山镇北侧用地敷设高架线路，和 G42 沪蓉高速之间保留 30 m 以上绿化隔离带，不产生视线影响；在线路靠居民地一侧种植高大乔木和组团花树，形成优美的小区周边绿带。建议在施工时应注意两侧绿化带的植物配置，做到疏密有致高低宜人，在对高架结构进行遮挡的同时，为周边的林地和绿地提供生态屏障。

(2)明代都城格局——南京外郭城墙

白水桥东站与麒麟站区间与南京外郭城墙相交，而该段南京外郭城墙地上部分已经不存在，现为文萏路。相交处为地铁区间隧道从外郭本体下方穿越，地铁采用盾构法施工，并增加隧道埋深，与外郭净距 15.7 m，车站端部盾构井明挖部分侵入外郭 50 m 保护线，距离本体线 38 m，均对明代外郭走向、断面和树木无影响。

(3)邓演达烈士殉难处

属于市级文物保护单位，位于麒麟镇站与东郊小镇站区间北侧，区间侵入文物建控线约 9 m，实体距离线路 68.9 m。此区间采用盾构施工，并增加隧道埋深(本段隧道埋深约 13 m)，减少了对文保单位的影响。根据文物安全鉴定结果，预留了加固、加强措施；另外通过加强对文物的监测，实时监控运营对文物的影响。

(4)古泉渡槽

属于不可移动文物，位于侯家塘站与汤泉西路站区间，现状在汤泉西路范围已被拆除，宁句线路未涉及文物本体。

(5)汤山工人疗养院

位于宁句线西侧，线路距离文物线最近约 5 m，距离本体建筑最近约 12 m。此区间采用盾构施工，并增加隧道埋深(本段隧道埋深约 18 m)。根据文物安全鉴定结果，采取加固、加强措施；同时采取特殊减振措施并加强对文物监测，降低运营期对文物的影响。

(6)一般古镇——汤山镇

南京至句容城际轨道交通工程在该区间的高架部分及地下车站露出地面的出入口、风亭等附属结构设计风格、色彩等与汤山古镇环境相协调；汤泉西路站(位于汤山温泉—阳山碑材风貌保护区内)、汤山镇站、汤山站等车站出地面的附属建筑与周边风貌相协调；施工期间控制车站的施工范围，减少施工占地影响，减少车站开挖对周边树木、绿化的影响；车站采用盖挖法施工，防止地面沉降并加强对周围建筑物保护。施工结束后，立即恢复地表植被或原貌，将施工对历史文化名城的影响降到了最低。

(7)城上村遗址

南京至句容城际轨道交通工程在宁句城际建设的各个阶段对城上村遗址采取相应的减振措施，最大程度地降低振动带来的不利影响，保护文物免于破坏，确保文物价值及其历史信息得以永续传承。

①施工之前对城上村遗址制定完善的监测方案、文物保护专项方案及文物保护应急预案，以确保城上村遗址的安全与稳定。

②施工过程中设立敏感点，并跟踪监测，及时掌握相关沉降变形和振动影响情况。

③科学布局施工现场：在满足施工作业的前提下，将施工现场的固定振动源合理集中，以缩小振动干扰的范围。

④合理规划工程车辆的行驶线路:工程车辆行驶线路远离文物建筑,车辆载重量严格限制在 70 t 以下,同时严格控制车辆密度。

⑤选择合理的施工机械:选用振值低的施工机械,桩基础施工采用冲击钻时,采用钢护筒进行防护,减少对土体的扰动。

⑥采用 60 kg/m 重型钢轨无缝轨道线路,有效减少振动影响。

3　环境保护管理模式

3.1　轨道交通建设项目阶段划分及各阶段环保工作内容

轨道交通建设项目从工程建设角度进行阶段划分，包括线网规划、建设规划、预可行性研究、工程可行性研究、总体设计、初步设计、施工图设计、施工准备、施工建设、竣工验收、开通运营等阶段，如图3.1所示。考虑到各阶段实际环保工作的不同，从环保管理的角度出发，可将轨道交通建设过程划分为环评、设计、施工准备、施工、验收等阶段。

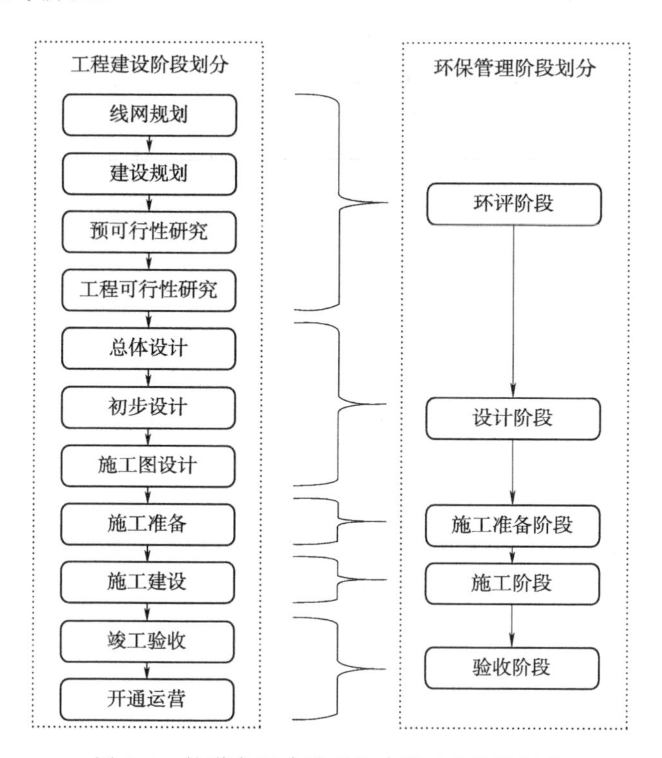

图3.1　轨道交通建设项目建设过程阶段划分

1. 环评阶段

建设单位在建设项目立项后，应完成相关立项手续，开展工程可行性研究、勘察设计工作，在工可及设计文件中，应有环保专章。

环评阶段在项目调研、踏勘基础上，在可行性研究报告基础上编写环境影响分析内容。从生态环境的角度分析线路走向对临近区域人流、物流、动物通道、各类自然保护区、风景名胜区、水源保护区、文物古迹之间的关系和影响，论证项目的环保可行性，对城市轨道交通工程项目建设过程和建成后可能引起生态环境、噪声、振动、电磁辐射、大气、画体废弃物等对环境污染影响进行初步分析。

施工前，由有资质的设计院或环评单位开展项目的环境影响评价，编写环境影响报告书，并送环境主管部门审批。

2. 设计阶段

初步设计根据批准的可行性研究报告开展定测、现场调查，通过局部方案比选和比较详细的设计，提出工程数量、主要设备和材料数量、拆迁数量、用地总量与分类及补偿费用、施工组织设计及工程总投资。初步设计文件是确定建设规模和投资的主要依据，应满足主要设备采购、征地拆迁和施工图设计的需要。初步设计概算静态投资一般不应大于批复可行性研究报告的静态投资。

施工图设计根据审批的初步设计文件进行编制，为工程建设提供施工图、表、设计说明和工程投资检算。建设项目施工图投资检算不得大于批准初步设计概算，因特殊情况而超出者，须报初步设计批准单位批准。施工图设计文件是工程实施和验收的依据，各阶段勘察设计工作必须达到规定的要求和深度，不得将本阶段工作推到下一阶段进行。

就环境管理而言，实施环境勘察设计是保证环境保护工作在设计阶段落实的关键。各相关专业应依据项目环境影响报告书和水土保持方案提出各项环保、水保措施和建议，并在初步设计和施工图设计文件中落实环境保护概算和环境保护施工图预算，使设计文件在达到本专业要求的同时，满足环评文件及其批复的要求。

3. 施工准备阶段

建立由主管领导担任组长的环保领导小组，主要负责环境保护的工作协调管理。在工程部或拆迁办设置专职环保管理人员具体负责施工期的环保工作。招标时应将环保内容列入招标文件，工程指挥部与施工单位签署有明确环保措施和环保目标的环保责任书。

4. 施工阶段

建设单位应监督各施工单位落实环评文件要求的各项环保设施和措施，相关环保责任需要写入合同。

建设单位组织开展施工期环境保护监测和环境监理工作。对于施工中发生的重大环境污染事件和居民投诉，建设单位与咨询单位、设计单位、施工单位依据具体情况，会同地方各级主管部门，及时研究解决处理方案，并追究责任单位的责任。建设单位负责对咨询单位、设计单位、监测单位、监理单位和施工单位的环保管理进行绩效考核。

5. 验收阶段

组织开展建设项目的竣工环保验收工作，建设单位不具备编制验收监测（调查）报告能力的，可以委托有能力的技术机构编制。建设单位对受委托的技术机构编制的验收监测（调查）报告结论负责。建设单位与受委托的技术机构之间的权利义务关系，以及受委托的技术机构应当承担的责任，可以通过合同形式约定。建设单位应当严格按照国家有关档案管理的规定，及时收集、整理建设项目各环节的环保工作文件资料，建立健全建设项目环保工作档案，并在建设工程竣工环保验收后，及时公示并向建设行政主管部门或者其他有关部门移交建设项目档案。

3.2 现阶段轨道交通建设项目环境管理存在的问题及分析

1. 环评阶段

(1)环评介入过晚，选线未避让敏感区

目前一些建设项目的工可及设计单位在选线时忽视环保要求，未能避让生态敏感区，等到环评开展时，出现因穿越生态红线等原因导致环评无法通过评审的情况。

出现这一问题的原因主要是，环评单位多在设计阶段甚至是临近施工前才介入，这一阶段选线已经完成，未能参考环评单位的意见。

(2)环评措施要求过高，投资大或无法实施

在一些项目中，曾出现过环评提出的环保措施不易实施或不具备实施条件的，例如：某线路环评提出对敏感点加装隔声窗，但实际实施过程，对居民房屋进行改造，涉及大量的居民协调工作，不易实施且极易产生矛盾，如果采用声屏障措施，室外即可达标，虽然成本增加，但建设单位往往更愿意实施。

产生这类问题，主要原因是轨道交通工程项目环境管理工作发展不平衡，通常更多强调施工阶段环保措施的执行，而忽视前期决策的环境影响评价、设计阶段的环境保护方案和措施的形成，甚至造成前后割裂。

我们认为，环评阶段建设单位就应从全过程角度对环保措施进行统筹，需要加大前期环评阶段对环保工作的专项投入，保证前期环保工作的质量。

2. 设计阶段

(1)环保设计不能满足环评及批复的要求

环保设计不能满足环评及批复的要求，到验收期，发现环保措施未落实，导致项目无法通过环保验收。产生该类问题，主要原因是环保设计单位仅依据设计类规范开展工作，未考虑环评及其批复的要求，出现遗漏或者增加环保措施的情况，

且未经环评、环保验收等单位审核。

(2)环保设计未与主体工程同步设计

有些项目甚至出现设计期未开展环保设计工作，待施工期甚至是运营后，才开展环保设计工作。

3. 施工准备阶段

(1)环保交底工作过于简单，未明确主体责任，流于形式

在施工准备阶段，环评单位及设计单位，应对施工单位进行充分的环保交底，说明施工单位需要落实的环保措施，需要建设的环保设施。

(2)环保相关工作未纳入施工合同

建设单位与施工单位签订合同，但合同中可能会缺失环保相关工作的具体要求，环保相关工作未纳入施工合同。

(3)施工单位没有内容全面、操作性强的环保行动方案

从环评阶段到施工阶段，建设单位往往会忽视环保措施的专项交底工作。设计单位和施工单位对于环保措施的落实没有足够的重视，未能形成内容全面、操作性强的环保行动方案。

南京地铁建设有限责任公司在这方面做得较好，建设项目环评报告通过审批后，建设单位组织编写专项环保行动方案，邀请设计、施工等相关单位共同上会进行讨论和交底。设计和施工单位根据环保行动方案开展相关工作，能够保证环保措施的顺利落实。

4. 施工阶段

(1)环评及批复要求的施工环境监测和环境监理工作无人落实

一些建设项目没有委托第三方单位开展环境监测和环境监理服务，仅委托了工程监理单位，但工程监理服务合同中未包含环境监理工作，导致环评及批复要求的施工环境监测和环境监理工作无人落实。

(2)环保工作有开展，未留下相关的影像、档案等佐证材料

建设项目竣工环保验收调查工作需要追溯施工期各项环保措施的落实情况，但是调查工作往往在项目建成通车后才开展。由于一些建设单位和施工单位没有形成完善的资料收集和保存制度，没有留存施工期各项环保措施落实的相关证据，往往会增加验收调查工作的难度。例如，轨道减振措施位于轨行区，通车运行后再想要进入轨行区对减振措施进行核查需要等到夜晚列车停运后由地铁运营公司配合开展，如果能在施工期，减振措施完成后就保留充分的证据(现场照片、设计文件、竣工图等)，能够大大减少验收调查难度。

(3)工程方案发生重大变动，未履行环保手续

工程在报批环评文件后发生变动，属于《关于印发环评管理中部分行业建设项

目重大变动清单的通知》(环办〔2015〕52 号)中规定的情况时,需要重新报批环境影响评价文件。由于环评一般做于工可阶段,实际施工时,工程方案往往会发生变动,一些项目发生了重大变动,但未及时履行环保手续,故产生违法行为并对验收产生障碍。

(4)环保意识不够高,专业能力不足

一些建设项目,参建者的环保意识还不够强,这主要表现在以下几方面:①有关管理人员的环保知识不全面,对国家或行业环保管理的程序、内容和要求掌握不够,这大大制约环保管理水平。②对环保工作的重视程度有待进一步提高,管理力度需要进一步加大,"口头上讲的多,实际做得少"的现象仍然不同程度存在,现场管理人员不到位现象突出,环保管理人员配备不到位甚至没有,管理上虽然有制度、有办法,但执行力不够,工作流于形式等。

5. 验收阶段

(1)环保验收介入时间过晚,发现环保措施遗漏无法弥补

目前环保验收一般在施工后期或通车后介入,该时期施工已基本结束,发现环保措施遗漏时,难以进行弥补。

(2)自主环保验收,缺乏统一的制度标准

现行的自主验收制度,对于工作的具体开展出台了一些文件,但对于建设单位的执行来说,在具体工作层面还缺乏统一的制度和标准。例如,验收意见没有统一的模板,有些单位只在验收意见最后由参会人员签字,前面的内容没有签字,使得前述内容存在被替换的可能,造成工作的不严谨。

3.3　不同环境保护管理模式的实践经验

1. 各部分工作独立开展的松散模式

目前,多数建设单位将各项环保工作分别委托给独立的单位开展,各单位在相对应的阶段进场,所有工作之间没有紧密的联系,分别完成各自职责,见表 3.1 和图 3.2。

表 3.1　松散模式下各参建单位环保责任及实施时期汇总表

参建单位	主要环保职责	工作时期
环评单位	提出环保设施要求	动工前
设计单位	环保设施设计	设计期、施工期
施工单位	按照设计,落实环保设施	施工期
监测单位	通过监测反应环境影响	施工期、运营期
监理单位	监督环保设施的落实	设计期、施工期、运营期
验收单位	对环保设施的落实情况进行验收	运营期

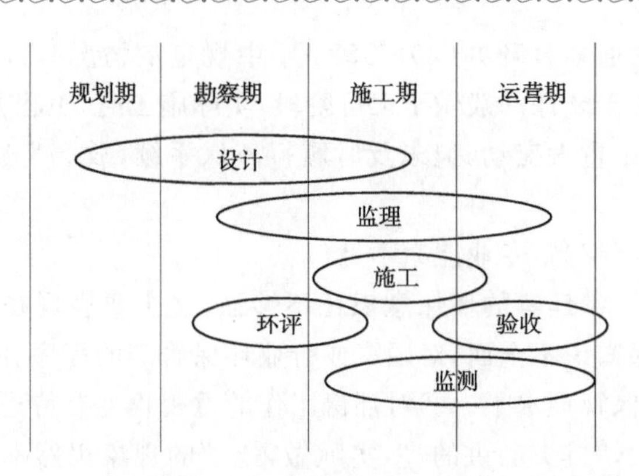

图 3.2　松散模式下环保相关单位工作关系示意图

这种情况下，缺乏足够的统筹，各单位的工作虽然都与环保相关，却没有紧密的联系，投入大量的人力、时间成本在沟通和信息交流上。各个阶段的工作缺乏互动，缺乏总结，往往各做各的，失去一以贯之的原则与方案，导致环保措施的落实容易出现缺漏，甚至出现环评管理中的“重大变动”情况。

2. 前期工作由一家单位统筹完成的管理模式

该模式下，建设单位把项目前期包括工可、环评、设计等工作在内的一系列工作，打包委托给一家单位，由这一家单位统一完成。这样，环保设计与环评工作之间能够有更紧密的联系，环评编制人员在制定环保措施时能够与环保设计人员进行沟通和商讨。在环评阶段，设计人员对环评提出的措施从实施及设计角度提出完善意见，而到了设计阶段，环评人员可以对环保设计文件进行复核。这种情况下，能够尽可能地保证环评措施的可执行性，也保证其在设计文件中的落实。

3. 施工期环境监理、监测与验收调查统筹开展的管理模式

杭州市地铁集团有限责任公司建设的地铁项目，多采用这种模式，建设单位将施工期监理、施工期监测、验收调查等与环保相关的工作委托给一家第三方单位统筹开展。

该模式下，第三方单位在施工期进场，根据环评报告及其批复的要求开展环境监理、监测工作，充分把控施工期环保措施的落实情况，收集并整理各项环保措施的相关佐证材料。工程竣工通车后，延续环保服务，继续开展环保验收调查工作。第三方单位能够在施工期就尽可能参与环境管理工作，能够较好地确保环保措施完整落实，为环保验收扫清障碍。

4. 验收咨询单位介入的管理模式

苏交科在贵州参与的一些高速公路建设项目中，建设单位会委托一家验收咨询单位，担任竣工环保验收职责的同时，在施工期即介入到项目环保管理中，为建

设单位提供环保咨询服务。

该模式下,验收单位同时承担环保咨询单位的角色。由于该咨询单位在施工期就介入项目,对多个阶段的环保工作均有参与,能够更好地掌握相关情况,为验收做好准备。

5. 全过程环境保护管理模式

1)环保管理中心统筹的全过程环境保护管理模式

综合上述各模式,可以看出,由于城市轨道交通建设项目前期和建设时间跨度大,且项目前期单位、建设单位、验收单位不一致等原因,导致经常出现环评提出环保措施工程不可行、难以落实,或建设单位不清楚需要落实哪些环保措施、如何落实、什么时间落实,最终导致部分环保措施不到位或环保效果不理想,引起公众投诉,影响项目的环保验收,降低了工程的生态文明示范效果和工程品质。出现这一问题的重要原因,是在城市轨道交通建设项目相对较长的生命周期中,建设单位需要统筹所有参建单位的环保工作及责任,由于协调单位多,时间跨度长,带来了巨大的管理压力,从而出现各种沟通和管理问题。

为了解决上述问题,达到真正做好建设项目环境保护管理工作的目的,我们提出了有全过程环境保护管理中心参与的全过程环境保护管理模式。

本研究认为,环境保护咨询单位支持下的全过程环境保护管理模式,是解决问题的重要思路。在这一过程中,可以由建设单位和环保咨询单位共同成立环保管理中心,由环保管理中心统筹开展全过程环境保护管理工作。

2)组织架构及环保管理中心主要职责

(1)全过程环境保护管理模式组织架构

环保管理中心由建设单位设立,环保管理中心主任负责统筹管理中心的日常工作,中心下设环保管理中心办公室,由环保咨询单位配合办公室开展全过程环境保护管理,如图 3.3 所示。项目建设过程中的环评、环保设计、施工、监测、监理、验收调查等相关单位的环保工作,由环保管理中心进行统一监控及管理。

(2)环保管理中心主要职责

①协助业主处理环保投诉和群众上访

代表业主处理与该项目相关的环保投诉和群众上访,降低其不利影响。

②与环保相关的外部协调工作

A. 代表业主协调与各级环保行政主管部门的关系,配合工程各阶段的环保检查和验收工作。

B. 组织建立环境污染事故应急机构,编制污染事故应急处理预案,组织各相关单位进行污染事故处置演习。配合业主对环保主管部门指出的各类环境问题和事故进行调查,界定事故责任,提出处理方案。

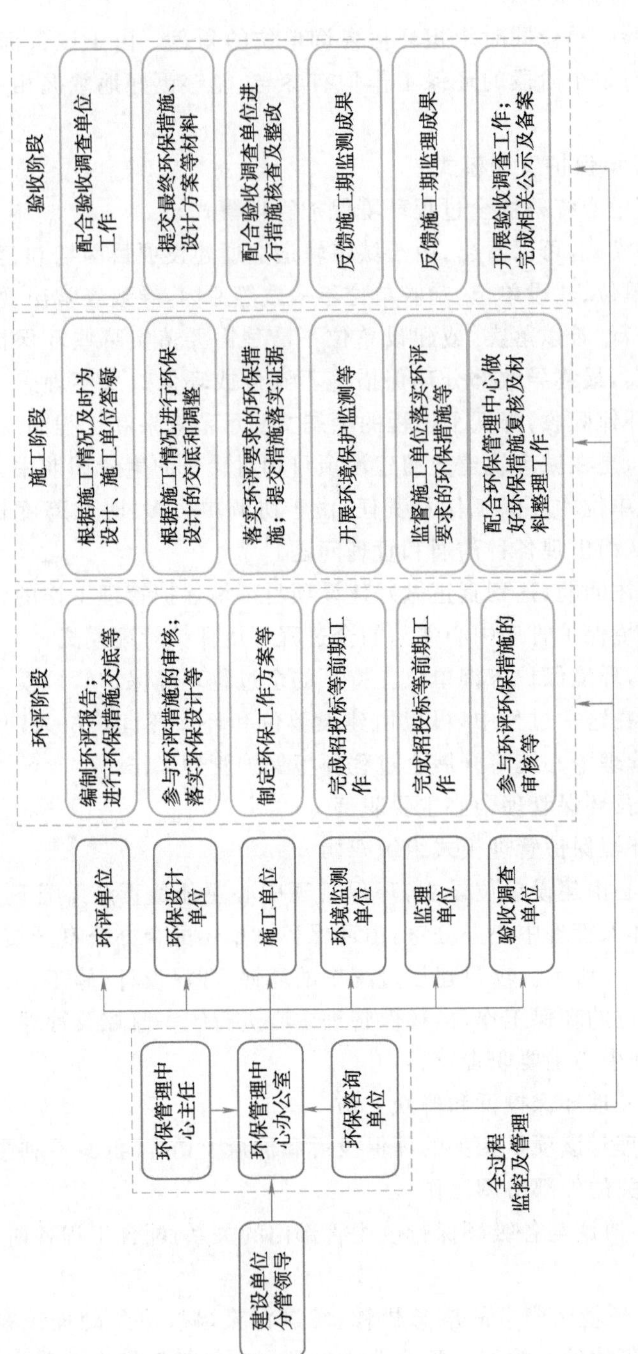

图 3.3 全过程环境保护管理模式组织架构图

③为业主提供技术服务

A. 建立环境管理组织架构，建立环境管理文件体系，组织环境保护管理知识培训。

B. 代表业主从环保的角度审查施工图设计、环境保护专项设计；审核环境监理提出的监理大纲、施工期环境监测计划、环境监理报表、环境监测报告。

C. 对工程建设期间的环境保护工作进行阶段性总结，检验环境管理工作绩效，呈报相关咨询工作报表，为工程竣工环境保护验收积累基础。

D. 建立环境事故应急机构，编制环境事故应急预案，组织环境事故应急演习。

E. 开展竣工环保验收调查，完成相关公示及备案工作。

④对施工单位进行监督和检查并提供技术服务

A. 对照环境影响报告书及其批复要求，审核施工单位提出的施工方案，环境保护措施的可行性、可靠性、符合性，有无产生新的环境影响因素和污染源，提出对应的要求和建议处置方案。

B. 协调整个建设项目中各标段环境保护工作的关系，规范和统一各标段的环境监理模式，组织各标段环境监理单位和施工单位之间的环保工作的衔接。

C. 审查并抽检重点污染工序或重点部位对环境的影响情况，对各标段施工过程中的环境保护措施的落实情况及实施效果进行监督和管理。主要检查各类环保措施的执行情况、环保设施的完好情况和运行状态、污染物排放和环境质量的达标情况、资料管理、规章制度、台账等。

3)全过程环境保护管理模式各阶段工作重点

本章依据城市轨道交通工程建设程序和基本建设管理办法规定，按环评、设计、施工、验收等阶段，探讨环保管理中心统筹下的全过程环境保护管理模式工作重点。

(1)环评阶段

科学选择前期决策阶段可行性研究执行组织，确保其具有技术、经济分析能力的基础上，还应具有环境调研能力和环保相关知识，熟悉城市轨道交通工程项目环境管理法律法规、规章制度，以及城市轨道交通环境评价的技术标准和技术导则。

按照法定程序开展环评工作。熟悉环评各项新的政策和制度，明确环评技术和管理依据，包括《环境保护法》《环境影响评价法》《环境影响评价技术导则城市轨道交通》，其他政策性文件，项目环境及项目自身特点等，制定环评工作程序和工作计划。

建立组织内部和外部环评成果评审标准和机制，包括评审调研和踏勘报告、环境保护分析报告、调研和初测报告、环境保护篇章(报告)、环境影响报告书和水土保持方案。现阶段既要强化政府环保审批权力，同时又要逐步做到信息公开，充分发挥社会力量的作用。

建立审查、核实、确认等控制和批准项目各阶段的机制。对前期决策阶段各子阶段进行过程和成果两方面的评审和审查。未通过评审和审查,不能转入下一子阶段。尤其是环境影响评价书和水土保持方案经评审不合格,或审查不通过,不得转入勘察设计阶段。

(2)设计阶段

科学选择勘察设计阶段工程勘察、初步设计和施工图设计执行组织,确保其具有技术、经济分析能力的基础上,还应具有环境调研能力和环保相关知识,熟悉城市轨道交通工程项目环境管理法律法规、规章制度,能在工程设计中体现符合前期决策阶段项目环境影响评价书和水土保持方案等相关要求,并使得勘察大纲与勘察设计文件应符合国家和国铁集团有关勘查技术标准和质量要求。工程设计文件应具有路网规划,项目批准文件,设计阶段对应的勘察成果,城市轨道交通主要技术政策,工程建设强制性标准,城市轨道交通设计规程规范,城市轨道交通工程建设设计文件编制规定,设计合同等内容。

按照法定程序开展各阶段工程勘察和设计文件评审工作。熟悉城市轨道交通工程建设勘察设计各项新的政策和制度,明确设计技术和管理依据(包括勘察设计合同、城市轨道交通建设工程勘察设计管理办法、工程勘察设计管理及考核办法,施工图审核管理办法、施工图交接及核对完善工作管理办法等),制定设计工作程序、各方环境管理职责,确保设计文件落实环评及其批复提出的各项环保措施。

(3)施工阶段

审查环境保护设计方案和措施。审查施工图设计时,应审核环境保护方案、措施,不符合规定和技术要求的,应提出审查修改意见。审查施工组织设计时,应审核施工单位施工过程中的环保方案、措施、实施方法,提出审核修改意见。

专人负责环保方面的管理、协调、投诉等受理工作并深入施工现场,指导实施环保措施,发现存在问题及时分析、提出意见,并协调组织处理。

按照环评文件及其批复的要求,组织开展环境监理(如需要)和环境监测。

(4)验收阶段

对工程建设期间的环境保护工作进行阶段性总结,检验环境管理工作绩效,呈报相关咨询工作报表,为工程竣工环境保护验收积累基础。

建立环境事故应急机构,编制环境事故应急预案,组织环境事故应急演习。

组织开展竣工环保验收调查工作,编制验收调查报告并开展验收会议,协助建设单位落实相关验收程序。

协助业主处理与该项目相关的环保投诉和群众上访,降低其不利影响。对运营期出现的各种环境影响,提出建议措施。

4　环境保护管理考核制度

4.1　环境保护法律法规体系

我国目前建立了由法律、国务院行政法规、政府部门规章、地方性法规和地方政府规章、环境标准、环境保护国际条约组成的完整的环境保护法律法规体系。

1. 环境保护法律

(1)宪法

我国的环境保护法律法规体系以《中华人民共和国宪法》中对环境保护的规定为基础。1982年通过的《中华人民共和国宪法》在2004年修正案第九条第二款规定:“国家保障自然资源的合理利用,保护珍贵的动物和植物。禁止任何组织或者个人用任何手段侵占或者破坏自然资源。”第二十六条第一款规定:“国家保护和改善生活环境和生态环境,防治污染和其他公害。”《中华人民共和国宪法》中的这些规定是我国环境保护立法的依据和指导原则。

(2)法律

我国的环境保护法律包括环境保护综合法、环境保护单行法和环境保护相关法。

环境保护综合法是指2014年修订的《中华人民共和国环境保护法》。环境保护单行法主要包括《中华人民共和国大气污染防治法》《中华人民共和国水污染防治法》《中华人民共和国噪声污染防治法》《中华人民共和国固体废物污染环境防治法》等污染防治法,《中华人民共和国水土保持法》《中华人民共和国野生动物保护法》等生态保护法和《中华人民共和国海洋保护法》《中华人民共和国环境影响评价法》。环境保护相关法是指一些自然资源保护的法律以及其他有关部门的法律,如《中华人民共和国森林法》《中华人民共和国草原法》《中华人民共和国水法》《中华人民共和国清洁生产促进法》等都涉及环境保护的有关要求,也是我国环境保护法律法规体系中的一部分。

2. 环境保护行政法规

环境保护行政法规是由国务院制定并公布或经国务院批准有关主管部门公布的环境保护规范性文件。一是根据法律授权制定的环境保护法的实施细则或条例;二是针对环境保护的某个领域而制定的条例、规定和办法,如《建设项目环境保护管理条例》和《规划环境影响评价条例》。

3. 政府部门规章

政府部门规章是指国务院生态环境主管部门单独发布或与国务院有关部门联合发布的环境保护规范性文件，以及政府其他有关行政主管部门依法制定的环境保护规范性文件。政府部门规章是以环境保护法律和行政法规为依据而制定的，或者是针对某些尚未有相应法律和行政法规调整的领域做出的相应规定，如《建设项目环境影响评价分类管理名录》《建设项目环境影响后评价管理办法(试行)》《关于强化建设项目环境影响评价事中事后监管的实施意见》《关于加强规划环境影响评价与建设项目环境影响评价联动工作的意见》《国家危险废物名录》等。

4. 环境保护地方性法规和地方性规章

环境保护地方性法规和地方性规章是享有立法权的地方权力机关和地方政府依据《中华人民共和国宪法》和相关法律制定的环境保护规范性文件。这些规范性文件是根据本地实际情况和特定环境问题制定的，并在本地区实施，有较强的可操作性。环境保护地方性法规和地方性规章不能和法律、国务院行政规章相抵触。

5. 环境标准

环境标准是环境保护法律法规体系的一个组成部分，是环境执法和环境管理工作的技术依据。我国的环境标准分为国家环境标准、地方环境标准和生态环境部标准。

6. 环境保护国际公约

环境保护国际公约是指我国缔结和参加的环境保护国际公约、条约和议定书。国际公约与我国环境法有不同规定时，优先适用国际公约的规定，但我国声明保留的条款除外。

7. 环境保护法律法规体系中各层次间的关系

《中华人民共和国宪法》是环境保护法律法规体系建立的依据和基础，法律层次不管是环境保护的综合法、单行法还是相关法，其中对环境保护的要求，法律效力都是一样的，我国环境保护法律法规体系如图 4.1 所示。如果法律规定中有不一致的地方，应遵循后法大于先法。

国务院环境保护行政法规的法律地位仅次于法律。部门行政规章、地方环境保护法规和地方政府规章均不得违背法律和行政法规的规定。地方环境保护法规和地方政府规章只在制定法规、规章的辖区内有效。

我国的环境保护法律法规如与参加和签署的国际条约有不同规定时，应优先适用国际条约的规定，但我国声明保留的条款除外。

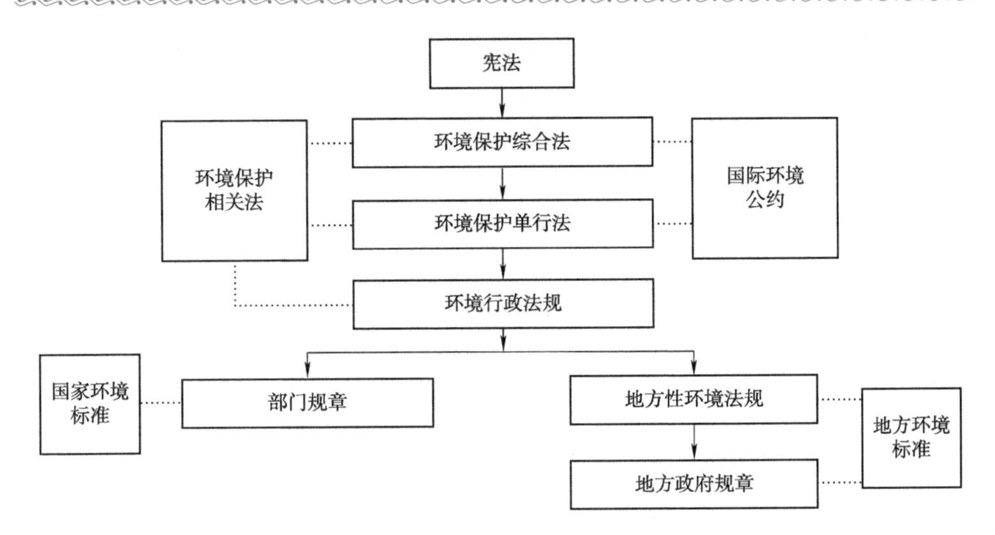

图 4.1 我国环境保护法律法规体系图

4.2 环境保护管理法律法规

4.2.1 我国环境保护法律

《中华人民共和国环境保护法》《中华人民共和国大气污染防治法》《中华人民共和国水法》《中华人民共和国水污染防治法》《中华人民共和国固体废物污染环境防治法》《中华人民共和国清洁生产促进法》《中华人民共和国环境噪声污染防治法》《中华人民共和国野生动物保护法》《中华人民共和国森林法》《中华人民共和国水土保持法》《中华人民共和国文物保护法》《中华人民共和国环境影响评价法》等国家法律中均规定了建设项目的建设单位和参建各方的环保责任。

1.《中华人民共和国环境保护法》

第六条　一切单位和个人都有保护环境的义务。

地方各级人民政府应当对本行政区域的环境质量负责。

企业事业单位和其他生产经营者应当防止、减少环境污染和生态破坏，对所造成的损害依法承担责任。

公民应当增强环境保护意识，采取低碳、节俭的生活方式，自觉履行环境保护义务。

第四十二条　排放污染物的企业事业单位和其他生产经营者，应当采取措施，防治在生产建设或者其他活动中产生的废气、废水、废渣、医疗废物、粉尘、恶臭气体、放射性物质以及噪声、振动、光辐射、电磁辐射等对环境的污染和危害。

排放污染物的企业事业单位，应当建立环境保护责任制度，明确单位负责人和相关人员的责任。

重点排污单位应当按照国家有关规定和监测规范安装使用监测设备，保证监测设备正常运行，保存原始监测记录。

严禁通过暗管、渗井、渗坑、灌注或者篡改、伪造监测数据，或者不正常运行防治污染设施等逃避监管的方式违法排放污染物。

2.《中华人民共和国大气污染防治法》

第七条　企业事业单位和其他生产经营者应当采取有效措施，防止、减少大气污染，对所造成的损害依法承担责任。

第六十八条　地方各级人民政府应当加强对建设施工和运输的管理，保持道路清洁，控制料堆和渣土堆放，扩大绿地、水面、湿地和地面铺装面积，防治扬尘污染。

住房城乡建设、市容环境卫生、交通运输、国土资源等有关部门，应当根据本级人民政府确定的职责，做好扬尘污染防治工作。

第六十九条　建设单位应当将防治扬尘污染的费用列入工程造价，并在施工承包合同中明确施工单位扬尘污染防治责任。施工单位应当制定具体的施工扬尘污染防治实施方案。

从事房屋建筑、市政基础设施建设、河道整治以及建筑物拆除等施工单位，应当向负责监督管理扬尘污染防治的主管部门备案。

施工单位应当在施工工地设置硬质围挡，并采取覆盖、分段作业、择时施工、洒水抑尘、冲洗地面和车辆等有效防尘降尘措施。建筑土方、工程渣土、建筑垃圾应当及时清运；在场地内堆存的，应当采用密闭式防尘网遮盖。工程渣土、建筑垃圾应当进行资源化处理。

施工单位应当在施工工地公示扬尘污染防治措施、负责人、扬尘监督管理主管部门等信息。

暂时不能开工的建设用地，建设单位应当对裸露地面进行覆盖；超过三个月的，应当进行绿化、铺装或者遮盖。

3.《中华人民共和国水法》中与轨道交通项目建设相关的水污染防治和节约用水条款

第三十一条　从事水资源开发、利用、节约、保护和防治水害等水事活动，应当遵守经批准的规划；因违反规划造成江河和湖泊水域使用功能降低、地下水超采、地面沉降、水体污染的，应当承担治理责任。

开采矿藏或者建设地下工程，因疏干排水导致地下水水位下降、水源枯竭或者地面塌陷，采矿单位或者建设单位应当采取补救措施；对他人生活和生产造成损失的，依法给予补偿。

第三十四条　禁止在饮用水水源保护区内设置排污口。

在江河、湖泊新建、改建或者扩大排污口，应当经过有管辖权的水行政主管部门或者流域管理机构同意，由环境保护行政主管部门负责对该建设项目的环境影响报告书进行审批。

第三十五条　从事工程建设，占用农业灌溉水源、灌排工程设施，或者对原有灌溉用水、供水水源有不利影响的，建设单位应当采取相应的补救措施；造成损失的，依法给予补偿。

第三十七条　禁止在江河、湖泊、水库、运河、渠道内弃置、堆放阻碍行洪的物体和种植阻碍行洪的林木及高秆作物。

禁止在河道管理范围内建设妨碍行洪的建筑物、构筑物以及从事影响河势稳定、危害河岸堤防安全和其他妨碍河道行洪的活动。

第三十八条　在河道管理范围内建设桥梁、码头和其他拦河、跨河、临河建筑物、构筑物，铺设跨河管道、电缆，应当符合国家规定的防洪标准和其他有关的技术要求，工程建设方案应当依照防洪法的有关规定报经有关水行政主管部门审查同意。

因建设前款工程设施，需要扩建、改建、拆除或者损坏原有水工程设施的，建设单位应当负担扩建、改建的费用和损失补偿。但是，原有工程设施属于违法工程的除外。

第四十一条　单位和个人有保护水工程的义务，不得侵占、毁坏堤防、护岸、防汛、水文监测、水文地质监测等工程设施。

第四十三条　在水工程保护范围内，禁止从事影响水工程运行和危害水工程安全的爆破、打井、采石、取土等活动。

第五十三条　新建、扩建、改建建设项目，应当制订节水措施方案，配套建设节水设施。节水设施应当与主体工程同时设计、同时施工、同时投产。

供水企业和自建供水设施的单位应当加强供水设施的维护管理，减少水的漏失。

4.《中华人民共和国水污染防治法》中与轨道交通项目建设相关的水污染防治条款

第十九条　新建、改建、扩建直接或者间接向水体排放污染物的建设项目和其他水上设施，应当依法进行环境影响评价。

建设单位在江河、湖泊新建、改建、扩建排污口的，应当取得水行政主管部门或者流域管理机构同意；涉及通航、渔业水域的，环境保护主管部门在审批环境影响评价文件时，应当征求交通、渔业主管部门的意见。

建设项目的水污染防治设施，应当与主体工程同时设计、同时施工、同时投入使用。水污染防治设施应当符合经批准或者备案的环境影响评价文件的要求。

第三十三条　禁止向水体排放油类、酸液、碱液或者剧毒废液。

禁止在水体清洗装贮过油类或者有毒污染物的车辆和容器。

第三十八条　禁止在江河、湖泊、运河、渠道、水库最高水位线以下的滩地和岸坡堆放、存贮固体废弃物和其他污染物。

第三十九条　禁止利用渗井、渗坑、裂隙、溶洞,私设暗管,篡改、伪造监测数据,或者不正常运行水污染防治设施等逃避监管的方式排放水污染物。

第四十二条　兴建地下工程设施或者进行地下勘探、采矿等活动,应当采取防护性措施,防止地下水污染。

报废矿井、钻井或者取水井等,应当实施封井或者回填。

第六十四条　在饮用水水源保护区内,禁止设置排污口。

第六十五条　禁止在饮用水水源一级保护区内新建、改建、扩建与供水设施和保护水源无关的建设项目;已建成的与供水设施和保护水源无关的建设项目,由县级以上人民政府责令拆除或者关闭。

禁止在饮用水水源一级保护区内从事网箱养殖、旅游、游泳、垂钓或者其他可能污染饮用水水体的活动。

第六十六条　禁止在饮用水水源二级保护区内新建、改建、扩建排放污染物的建设项目;已建成的排放污染物的建设项目,由县级以上人民政府责令拆除或者关闭。

在饮用水水源二级保护区内从事网箱养殖、旅游等活动的,应当按照规定采取措施,防止污染饮用水水体。

第六十七条　禁止在饮用水水源准保护区内新建、扩建对水体污染严重的建设项目;改建建设项目,不得增加排污量。

5.《中华人民共和国固体废物污染环境防治法》

第五条　固体废物污染环境防治坚持污染担责的原则。

产生、收集、贮存、运输、利用、处置固体废物的单位和个人,应当采取措施,防止或者减少固体废物对环境的污染,对所造成的环境污染依法承担责任。

第六条　国家推行生活垃圾分类制度。

生活垃圾分类坚持政府推动、全民参与、城乡统筹、因地制宜、简便易行的原则。

第十七条　建设产生、贮存、利用、处置固体废物的项目,应当依法进行环境影响评价,并遵守国家有关建设项目环境保护管理的规定。

第十八条　建设项目的环境影响评价文件确定需要配套建设的固体废物污染环境防治设施,应当与主体工程同时设计、同时施工、同时投入使用。建设项目的初步设计,应当按照环境保护设计规范的要求,将固体废物污染环境防治内容纳入环境影响评价文件,落实防治固体废物污染环境和破坏生态的措施以及固体废物污染环境防治设施投资概算。

建设单位应当依照有关法律法规的规定，对配套建设的固体废物污染环境防治设施进行验收，编制验收报告，并向社会公开。

第十九条　收集、贮存、运输、利用、处置固体废物的单位和其他生产经营者，应当加强对相关设施、设备和场所的管理和维护，保证其正常运行和使用。

第二十条　产生、收集、贮存、运输、利用、处置固体废物的单位和其他生产经营者，应当采取防扬散、防流失、防渗漏或者其他防止污染环境的措施，不得擅自倾倒、堆放、丢弃、遗撒固体废物。

禁止任何单位或者个人向江河、湖泊、运河、渠道、水库及其最高水位线以下的滩地和岸坡以及法律法规规定的其他地点倾倒、堆放、贮存固体废物。

第二十一条　在生态保护红线区域、永久基本农田集中区域和其他需要特别保护的区域内，禁止建设工业固体废物、危险废物集中贮存、利用、处置的设施、场所和生活垃圾填埋场。

第二十二条　转移固体废物出省、自治区、直辖市行政区域贮存、处置的，应当向固体废物移出地的省、自治区、直辖市人民政府生态环境主管部门提出申请。移出地的省、自治区、直辖市人民政府生态环境主管部门应当及时商经接受地的省、自治区、直辖市人民政府生态环境主管部门同意后，在规定期限内批准转移该固体废物出省、自治区、直辖市行政区域。未经批准的，不得转移。

转移固体废物出省、自治区、直辖市行政区域利用的，应当报固体废物移出地的省、自治区、直辖市人民政府生态环境主管部门备案。移出地的省、自治区、直辖市人民政府生态环境主管部门应当将备案信息通报接受地的省、自治区、直辖市人民政府生态环境主管部门。

第六十三条　工程施工单位应当编制建筑垃圾处理方案，采取污染防治措施，并报县级以上地方人民政府环境卫生主管部门备案。

工程施工单位应当及时清运工程施工过程中产生的建筑垃圾等固体废物，并按照环境卫生主管部门的规定进行利用或者处置。

工程施工单位不得擅自倾倒、抛撒或者堆放工程施工过程中产生的建筑垃圾。

第七十三条　各级各类实验室及其设立单位应当加强对实验室产生的固体废物的管理，依法收集、贮存、运输、利用、处置实验室固体废物。实验室固体废物属于危险废物的，应当按照危险废物管理。

第七十七条　对危险废物的容器和包装物以及收集、贮存、运输、利用、处置危险废物的设施、场所，应当按照规定设置危险废物识别标志。

第七十八条　产生危险废物的单位，应当按照国家有关规定制定危险废物管理计划；建立危险废物管理台账，如实记录有关信息，并通过国家危险废物信息管理系统向所在地生态环境主管部门申报危险废物的种类、产生量、流向、贮存、处置等有关资料。

前款所称危险废物管理计划应当包括减少危险废物产生量和降低危险废物危害性的措施以及危险废物贮存、利用、处置措施。危险废物管理计划应当报产生危险废物的单位所在地生态环境主管部门备案。

产生危险废物的单位已经取得排污许可证的，执行排污许可管理制度的规定。

第七十九条　产生危险废物的单位，应当按照国家有关规定和环境保护标准要求贮存、利用、处置危险废物，不得擅自倾倒、堆放。

第八十六条　因发生事故或者其他突发性事件，造成危险废物严重污染环境的单位，应当立即采取有效措施消除或者减轻对环境的污染危害，及时通报可能受到污染危害的单位和居民，并向所在地生态环境主管部门和有关部门报告，接受调查处理。

第一百零二条　违反本法规定，有下列行为之一，由生态环境主管部门责令改正，处以罚款，没收违法所得；情节严重的，报经有批准权的人民政府批准，可以责令停业或者关闭：

(一)产生、收集、贮存、运输、利用、处置固体废物的单位未依法及时公开固体废物污染环境防治信息的；

(二)生活垃圾处理单位未按照国家有关规定安装使用监测设备、实时监测污染物的排放情况并公开污染排放数据的；

(三)将列入限期淘汰名录被淘汰的设备转让给他人使用的；

(四)在生态保护红线区域、永久基本农田集中区域和其他需要特别保护的区域内，建设工业固体废物、危险废物集中贮存、利用、处置的设施、场所和生活垃圾填埋场的；

(五)转移固体废物出省、自治区、直辖市行政区域贮存、处置未经批准的；

(六)转移固体废物出省、自治区、直辖市行政区域利用未报备案的；

(七)擅自倾倒、堆放、丢弃、遗撒工业固体废物，或者未采取相应防范措施，造成工业固体废物扬散、流失、渗漏或者其他环境污染的；

(八)产生工业固体废物的单位未建立固体废物管理台账并如实记录的；

(九)产生工业固体废物的单位违反本法规定委托他人运输、利用、处置工业固体废物的；

(十)贮存工业固体废物未采取符合国家环境保护标准的防护措施的；

(十一)单位和其他生产经营者违反固体废物管理其他要求，污染环境、破坏生态的。

有前款第一项、第八项行为之一，处五万元以上二十万元以下的罚款；有前款第二项、第三项、第四项、第五项、第六项、第九项、第十项、第十一项行为之一，处十万元以上一百万元以下的罚款；有前款第七项行为，处所需处置费用一倍以上三倍以下的罚款，所需处置费用不足十万元的，按十万元计算。对前款第十一项行为的处罚，有关法律、行政法规另有规定的，适用其规定。

第一百一十一条　违反本法规定，有下列行为之一，由县级以上地方人民政府环境卫生主管部门责令改正，处以罚款，没收违法所得：

（一）随意倾倒、抛撒、堆放或者焚烧生活垃圾的；

（二）擅自关闭、闲置或者拆除生活垃圾处理设施、场所的；

（三）工程施工单位未编制建筑垃圾处理方案报备案，或者未及时清运施工过程中产生的固体废物的；

（四）工程施工单位擅自倾倒、抛撒或者堆放工程施工过程中产生的建筑垃圾，或者未按照规定对施工过程中产生的固体废物进行利用或者处置的；

（五）产生、收集厨余垃圾的单位和其他生产经营者未将厨余垃圾交由具备相应资质条件的单位进行无害化处理的；

（六）畜禽养殖场、养殖小区利用未经无害化处理的厨余垃圾饲喂畜禽的；

（七）在运输过程中沿途丢弃、遗撒生活垃圾的。

单位有前款第一项、第七项行为之一，处五万元以上五十万元以下的罚款；单位有前款第二项、第三项、第四项、第五项、第六项行为之一，处十万元以上一百万元以下的罚款；个人有前款第一项、第五项、第七项行为之一，处一百元以上五百元以下的罚款。

违反本法规定，未在指定的地点分类投放生活垃圾的，由县级以上地方人民政府环境卫生主管部门责令改正；情节严重的，对单位处五万元以上五十万元以下的罚款，对个人依法处以罚款。

第一百一十二条　违反本法规定，有下列行为之一，由生态环境主管部门责令改正，处以罚款，没收违法所得；情节严重的，报经有批准权的人民政府批准，可以责令停业或者关闭：

（一）未按照规定设置危险废物识别标志的；

（二）未按照国家有关规定制定危险废物管理计划或者申报危险废物有关资料的；

（三）擅自倾倒、堆放危险废物的；

（四）将危险废物提供或者委托给无许可证的单位或者其他生产经营者从事经营活动的；

（五）未按照国家有关规定填写、运行危险废物转移联单或者未经批准擅自转移危险废物的；

（六）未按照国家环境保护标准贮存、利用、处置危险废物或者将危险废物混入非危险废物中贮存的；

（七）未经安全性处置，混合收集、贮存、运输、处置具有不相容性质的危险废物的；

（八）将危险废物与旅客在同一运输工具上载运的；

（九）未经消除污染处理，将收集、贮存、运输、处置危险废物的场所、设施、设备和容器、包装物及其他物品转作他用的；

（十）未采取相应防范措施，造成危险废物扬散、流失、渗漏或者其他环境污染的；

（十一）在运输过程中沿途丢弃、遗撒危险废物的；

（十二）未制定危险废物意外事故防范措施和应急预案的；

（十三）未按照国家有关规定建立危险废物管理台账并如实记录的。

有前款第一项、第二项、第五项、第六项、第七项、第八项、第九项、第十二项、第十三项行为之一，处十万元以上一百万元以下的罚款；有前款第三项、第四项、第十项、第十一项行为之一，处所需处置费用三倍以上五倍以下的罚款，所需处置费用不足二十万元的，按二十万元计算。

第一百二十条　违反本法规定，有下列行为之一，尚不构成犯罪的，由公安机关对法定代表人、主要负责人、直接负责的主管人员和其他责任人员处十日以上十五日以下的拘留；情节较轻的，处五日以上十日以下的拘留：

（一）擅自倾倒、堆放、丢弃、遗撒固体废物，造成严重后果的；

（二）在生态保护红线区域、永久基本农田集中区域和其他需要特别保护的区域内，建设工业固体废物、危险废物集中贮存、利用、处置的设施、场所和生活垃圾填埋场的；

（三）将危险废物提供或者委托给无许可证的单位或者其他生产经营者堆放、利用、处置的；

（四）无许可证或者未按照许可证规定从事收集、贮存、利用、处置危险废物经营活动的；

（五）未经批准擅自转移危险废物的；

（六）未采取防范措施，造成危险废物扬散、流失、渗漏或者其他严重后果的。

6.《中华人民共和国清洁生产促进法》

第十八条　新建、改建和扩建项目应当进行环境影响评价，对原料使用、资源消耗、资源综合利用以及污染物产生与处置等进行分析论证，优先采用资源利用率高以及污染物产生量少的清洁生产技术、工艺和设备。

第二十四条　建筑工程应当采用节能、节水等有利于环境与资源保护的建筑设计方案、建筑和装修材料、建筑构配件及设备。

建筑和装修材料必须符合国家标准。禁止生产、销售和使用有毒、有害物质超过国家标准的建筑和装修材料。

7.《中华人民共和国环境噪声污染防治法》

第十一条　国家鼓励、支持噪声污染防治科学技术研究开发、成果转化和推广应用,加强噪声污染防治专业技术人才培养,促进噪声污染防治科学技术进步和产业发展。

第二十四条　新建、改建、扩建可能产生噪声污染的建设项目,应当依法进行环境影响评价。

第二十五条　建设项目的噪声污染防治设施应当与主体工程同时设计、同时施工、同时投产使用。

建设项目在投入生产或者使用之前,建设单位应当依照有关法律法规的规定,对配套建设的噪声污染防治设施进行验收,编制验收报告,并向社会公开。未经验收或者验收不合格的,该建设项目不得投入生产或者使用。

第二十七条　国家鼓励、支持低噪声工艺和设备的研究开发和推广应用,实行噪声污染严重的落后工艺和设备淘汰制度。

国务院发展改革部门会同国务院有关部门确定噪声污染严重的工艺和设备淘汰期限,并纳入国家综合性产业政策目录。

生产者、进口者、销售者或者使用者应当在规定期限内停止生产、进口、销售或者使用列入前款规定目录的设备。工艺的采用者应当在规定期限内停止采用列入前款规定目录的工艺。

第四十三条　在噪声敏感建筑物集中区域,禁止夜间进行产生噪声的建筑施工作业,但抢修、抢险施工作业,因生产工艺要求或者其他特殊需要必须连续施工作业的除外。因特殊需要必须连续施工作业的,应当取得地方人民政府住房和城乡建设、生态环境主管部门或者地方人民政府指定的部门的证明,并在施工现场显著位置公示或者以其他方式公告附近居民。

8.《中华人民共和国野生动物保护法》

第六条　任何组织和个人都有保护野生动物及其栖息地的义务。禁止违法猎捕野生动物、破坏野生动物栖息地。

第十三条　禁止在相关自然保护区域建设法律法规规定不得建设的项目。机场、铁路、公路、水利水电、围堰、围填海等建设项目的选址选线,应当避让相关自然保护区域、野生动物迁徙洄游通道;无法避让的,应当采取修建野生动物通道、过鱼设施等措施,消除或者减少对野生动物的不利影响。

建设项目可能对相关自然保护区域、野生动物迁徙洄游通道产生影响的，环境影响评价文件的审批部门在审批环境影响评价文件时，涉及国家重点保护野生动物的，应当征求国务院野生动物保护主管部门意见；涉及地方重点保护野生动物的，应当征求省、自治区、直辖市人民政府野生动物保护主管部门意见。

第二十条　在相关自然保护区域和禁猎（渔）区、禁猎（渔）期内，禁止猎捕以及其他妨碍野生动物生息繁衍的活动，但法律法规另有规定的除外。

野生动物迁徙洄游期间，在前款规定区域外的迁徙洄游通道内，禁止猎捕并严格限制其他妨碍野生动物生息繁衍的活动。迁徙洄游通道的范围以及妨碍野生动物生息繁衍活动的内容，由县级以上人民政府或者其野生动物保护主管部门规定并公布。

第二十一条　禁止猎捕、杀害国家重点保护野生动物。

9.《中华人民共和国森林法》

第三十六条　各类建设项目占用林地不得超过本行政区域的占用林地总量控制指标。

第三十七条　矿藏勘查、开采以及其他各类工程建设，应当不占或者少占林地；确需占用林地的，应当经县级以上人民政府林业主管部门审核同意，依法办理建设用地审批手续。

占用林地的单位应当缴纳森林植被恢复费。森林植被恢复费征收使用管理办法由国务院财政部门会同林业主管部门制定。

第三十九条　禁止毁林开垦、采石、采砂、采土以及其他毁坏林木和林地的行为。

禁止向林地排放重金属或者其他有毒有害物质含量超标的污水、污泥，以及可能造成林地污染的清淤底泥、尾矿、矿渣等。

禁止在幼林地砍柴、毁苗、放牧。

禁止擅自移动或者损坏森林保护标志。

第四十条　禁止破坏古树名木和珍贵树木及其生存的自然环境。

第六十一条　采伐林木的组织和个人应当按照有关规定完成更新造林。更新造林的面积不得少于采伐的面积，更新造林应当达到相关技术规程规定的标准。

10.《中华人民共和国水土保持法》

第八条　任何单位和个人都有保护水土资源、预防和治理水土流失的义务，并有权对破坏水土资源、造成水土流失的行为进行举报。

第十八条　水土流失严重、生态脆弱的地区，应当限制或者禁止可能造成水土流失的生产建设活动，严格保护植物、沙壳、结皮、地衣等。

第二十二条　林木采伐应当采用合理方式，严格控制皆伐；对水源涵养林、水土保持林、防风固沙林等防护林只能进行抚育和更新性质的采伐；对采伐区和集材道应当采取防止水土流失的措施，并在采伐后及时更新造林。

在林区采伐林木的，采伐方案中应当有水土保持措施。采伐方案经林业主管部门批准后，由林业主管部门和水行政主管部门监督实施。

第二十四条　生产建设项目选址、选线应当避让水土流失重点预防区和重点治理区；无法避让的，应当提高防治标准，优化施工工艺，减少地表扰动和植被损坏范围，有效控制可能造成的水土流失。

第二十五条　在山区、丘陵区、风沙区以及水土保持规划确定的容易发生水土流失的其他区域开办可能造成水土流失的生产建设项目，生产建设单位应当编制水土保持方案，报县级以上人民政府水行政主管部门审批，并按照经批准的水土保持方案，采取水土流失预防和治理措施。没有能力编制水土保持方案的，应当委托具备相应技术条件的机构编制。

水土保持方案应当包括水土流失预防和治理的范围、目标、措施和投资等内容。

水土保持方案经批准后，生产建设项目的地点、规模发生重大变化的，应当补充或者修改水土保持方案并报原审批机关批准。水土保持方案实施过程中，水土保持措施需要作出重大变更的，应当经原审批机关批准。

第二十六条　依法应当编制水土保持方案的生产建设项目，生产建设单位未编制水土保持方案或者水土保持方案未经水行政主管部门批准的，生产建设项目不得开工建设。

第二十七条　依法应当编制水土保持方案的生产建设项目中的水土保持设施，应当与主体工程同时设计、同时施工、同时投产使用；生产建设项目竣工验收，应当验收水土保持设施；水土保持设施未经验收或者验收不合格的，生产建设项目不得投产使用。

第二十八条　依法应当编制水土保持方案的生产建设项目，其生产建设活动中排弃的砂、石、土、矸石、尾矿、废渣等应当综合利用；不能综合利用，确需废弃的，应当堆放在水土保持方案确定的专门存放地，并采取措施保证不产生新的危害。

第三十八条　对生产建设活动所占用土地的地表土应当进行分层剥离、保存和利用，做到土石方挖填平衡，减少地表扰动范围；对废弃的砂、石、土、矸石、尾矿、废渣等存放地，应当采取拦挡、坡面防护、防洪排导等措施。生产建设活动结束后，应当及时在取土场、开挖面和存放地的裸露土地上植树种草、恢复植被，对闭库的尾矿库进行复垦。

第四十一条 对可能造成严重水土流失的大中型生产建设项目,生产建设单位应当自行或者委托具备水土保持监测资质的机构,对生产建设活动造成的水土流失进行监测,并将监测情况定期上报当地水行政主管部门。

从事水土保持监测活动应当遵守国家有关技术标准、规范和规程,保证监测质量。

11.《中华人民共和国文物保护法》

第七条 一切机关、组织和个人都有依法保护文物的义务。

第十七条 文物保护单位的保护范围内不得进行其他建设工程或者爆破、钻探、挖掘等作业。但是,因特殊情况需要在文物保护单位的保护范围内进行其他建设工程或者爆破、钻探、挖掘等作业的,必须保证文物保护单位的安全,并经核定公布该文物保护单位的人民政府批准,在批准前应当征得上一级人民政府文物行政部门同意;在全国重点文物保护单位的保护范围内进行其他建设工程或者爆破、钻探、挖掘等作业的,必须经省、自治区、直辖市人民政府批准,在批准前应当征得国务院文物行政部门同意。

第十八条 在文物保护单位的建设控制地带内进行建设工程,不得破坏文物保护单位的历史风貌;工程设计方案应当根据文物保护单位的级别,经相应的文物行政部门同意后,报城乡建设规划部门批准。

第十九条 在文物保护单位的保护范围和建设控制地带内,不得建设污染文物保护单位及其环境的设施,不得进行可能影响文物保护单位安全及其环境的活动。

第二十条 建设工程选址,应当尽可能避开不可移动文物;因特殊情况不能避开的,对文物保护单位应当尽可能实施原址保护。

实施原址保护的,建设单位应当事先确定保护措施,根据文物保护单位的级别报相应的文物行政部门批准;未经批准的,不得开工建设。

无法实施原址保护,必须迁移异地保护或者拆除的,应当报省、自治区、直辖市人民政府批准;迁移或者拆除省级文物保护单位的,批准前须征得国务院文物行政部门同意。全国重点文物保护单位不得拆除;需要迁移的,须由省、自治区、直辖市人民政府报国务院批准。

本条规定的原址保护、迁移、拆除所需费用,由建设单位列入建设工程预算。

第二十七条 一切考古发掘工作,必须履行报批手续;从事考古发掘的单位,应当经国务院文物行政部门批准。

地下埋藏的文物,任何单位或者个人都不得私自发掘。

第二十八条　从事考古发掘的单位，为了科学研究进行考古发掘，应当提出发掘计划，报国务院文物行政部门批准；对全国重点文物保护单位的考古发掘计划，应当经国务院文物行政部门审核后报国务院批准。国务院文物行政部门在批准或者审核前，应当征求社会科学研究机构及其他科研机构和有关专家的意见。

第二十九条　进行大型基本建设工程，建设单位应当事先报请省、自治区、直辖市人民政府文物行政部门组织从事考古发掘的单位在工程范围内有可能埋藏文物的地方进行考古调查、勘探。

考古调查、勘探中发现文物的，由省、自治区、直辖市人民政府文物行政部门根据文物保护的要求会同建设单位共同商定保护措施；遇有重要发现的，由省、自治区、直辖市人民政府文物行政部门及时报国务院文物行政部门处理。

第三十条　需要配合建设工程进行的考古发掘工作，应当由省、自治区、直辖市文物行政部门在勘探工作的基础上提出发掘计划，报国务院文物行政部门批准。国务院文物行政部门在批准前，应当征求社会科学研究机构及其他科研机构和有关专家的意见。

确因建设工期紧迫或者有自然破坏危险，对古文化遗址、古墓葬急需进行抢救发掘的，由省、自治区、直辖市人民政府文物行政部门组织发掘，并同时补办审批手续。

第三十一条　凡因进行基本建设和生产建设需要的考古调查、勘探、发掘，所需费用由建设单位列入建设工程预算。

第三十二条　在进行建设工程或者在农业生产中，任何单位或者个人发现文物，应当保护现场，立即报告当地文物行政部门，文物行政部门接到报告后，如无特殊情况，应当在二十四小时内赶赴现场，并在七日内提出处理意见。

依照前款规定发现的文物属于国家所有，任何单位或者个人不得哄抢、私分、藏匿。

第三十四条　考古调查、勘探、发掘的结果，应当报告国务院文物行政部门和省、自治区、直辖市人民政府文物行政部门。

考古发掘的文物，应当登记造册，妥善保管，按照国家有关规定移交给由省、自治区、直辖市人民政府文物行政部门或者国务院文物行政部门指定的国有博物馆、图书馆或者其他国有收藏文物的单位收藏。经省、自治区、直辖市人民政府文物行政部门批准，从事考古发掘的单位可以保留少量出土文物作为科研标本。

考古发掘的文物，任何单位或者个人不得侵占。

4.2.2　环境保护行政法规与政府部门规章

《国务院办公厅关于加强城市快速轨道交通建设管理的通知》《建设项目环境

保护管理条例》《建设项目环境保护事中事后监督管理办法(试行)》《饮用水水源保护区污染防治管理规定》《建设项目环境影响评价分类管理名录》《中华人民共和国河道管理条例》《全国生态环境保护纲要》《城市紫线管理办法》《中华人民共和国文物保护法实施条例》《关于进一步加强环境影响评价管理防范环境风险的通知》《关于公路、铁路(含轻轨)等建设项目环境影响评价中环境噪声有关问题的通知》《关于发布实施〈限制用地项目目录(2012年本)〉和〈禁止用地项目目录(2012年本)〉的通知》《关于发布〈地面交通噪声污染防治技术政策〉的通知》《关于加强环境噪声污染防治工作改善城乡声环境质量的指导意见》《国务院关于印发水污染防治行动计划的通知》《国务院关于印发土壤污染防治行动计划的通知》《国务院关于印发大气污染防治行动计划的通知》《关于做好城市轨道交通项目环境影响评价工作的通知》《建设项目环境影响后评价管理办法(试行)》《关于加强规划环境影响评价与建设项目环境影响评价联动工作的意见》《城市轨道交通建设项目环境影响评价文件审批原则(试行)》《国务院办公厅关于进一步加强城市轨道交通规划建设管理的意见》《国务院关于印发土壤污染防治行动计划的通知》《国家危险废物名录》等规章和条例中规定了建设项目的建设单位和参建各方的环保责任。

1.《建设项目环境保护管理条例》

第十五条　建设项目需要配套建设的环境保护设施,必须与主体工程同时设计、同时施工、同时投产使用。

第十六条　建设项目的初步设计,应当按照环境保护设计规范的要求,编制环境保护篇章,落实防治环境污染和生态破坏的措施以及环境保护设施投资概算。

建设单位应当将环境保护设施建设纳入施工合同,保证环境保护设施建设进度和资金,并在项目建设过程中同时组织实施环境影响报告书、环境影响报告表及其审批部门审批决定中提出的环境保护对策措施。

2.《建设项目环境保护事中事后监督管理办法(试行)》

第五条　建设单位是落实建设项目环境保护责任的主体。建设单位在建设项目开工前和发生重大变动前,必须依法取得环境影响评价审批文件。建设项目实施过程中应严格落实经批准的环境影响评价文件及其批复文件提出的各项环境保护要求,确保环境保护设施正常运行。

第十五条　建设单位在项目建设过程中,未落实经批准的环境影响评价文件及批复文件要求,造成生态破坏的,依照有关法律法规追究责任。

3.《国家环保总局、建设部关于有效控制城市扬尘污染的通知》(环发〔2001〕56号)

针对建筑、拆迁和市政等施工现场的扬尘污染和市区道路和运输扬尘污染,提出:

(1)建设单位在工程概算中应包括用于施工过程扬尘污染控制的专项资金，施工单位要保证此项资金专款专用。

(2)市区施工应严格控制并逐步实行禁止在施工现场搅拌混凝土。施工现场周边应设置符合要求的围挡。施工车辆出入施工现场必须采取措施防止泥土带出现场。施工过程堆放的渣土必须有防尘措施并及时清运；竣工后要及时清理和平整场地。市区道路施工应推行合理工期并采取逐段施工方式。

(3)市区拆迁后工地应采取绿化等防尘措施，对超过规定期限的闲置土地，当地城市人民政府可依法收回土地，并由城市园林绿化行政主管部门组织进行园林绿化或铺装。

(4)运送易产生扬尘物质的车辆应实行密闭运输，避免在运输过程中发生遗撒或泄漏。积极推行城市道路机械化清扫，提高机械化清扫率。

4.《防治城市扬尘污染技术规范》(HJ/T 393—2007)

对施工标志牌的规格和内容；围挡、围栏及防溢座的设置；土方工程的防尘措施；建筑材料的防尘管理措施；建筑垃圾的防尘管理措施；设置洗车平台，完善排水设施，防止泥土黏带；进出工地的物料、渣土、垃圾运输车辆的防尘措施、运输路线和时间；施工工地道路防尘措施；施工工地道路积尘清洁措施；施工工地内部裸地防尘措施等提出了明确的要求。

5.《大气污染防治行动计划》(“大气十条”)

提出综合整治城市扬尘。加强施工扬尘监管，积极推进绿色施工，建设工程施工现场应全封闭设置围挡墙，严禁敞开式作业，施工现场道路应进行地面硬化。渣土运输车辆应采取密闭措施，并逐步安装卫星定位系统。推行道路机械化清扫等低尘作业方式。大型煤堆、料堆要实现封闭储存或建设防风抑尘设施。推进城市及周边绿化和防风防沙林建设，扩大城市建成区绿地规模。

6.《住房和城乡建设部办公厅关于进一步加强施工工地和道路扬尘管控工作的通知》(建办质〔2019〕23 号)

一、提出对施工工地采取积极的防尘降尘措施

(一)对施工现场实行封闭管理。城市范围内主要路段的施工工地应设置高度不小于 2.5 m 的封闭围挡，一般路段的施工工地应设置高度不小于 1.8 m 的封闭围挡。施工工地的封闭围挡应坚固、稳定、整洁、美观。

(二)加强物料管理。施工现场的建筑材料、构件、料具应按总平面布局进行码放。在规定区域内的施工现场应使用预拌混凝土及预拌砂浆；采用现场搅拌混凝土或砂浆的场所应采取封闭、降尘、降噪措施；水泥和其他易飞扬的细颗粒建筑材料应密闭存放或采取覆盖等措施。

(三)注重降尘作业。施工现场土方作业应采取防止扬尘措施,主要道路应定期清扫、洒水。拆除建筑物或构筑物时,应采用隔离、洒水等降噪、降尘措施,并应及时清理废弃物。施工进行铣刨、切割等作业时,应采取有效防扬尘措施;灰土和无机料应采用预拌进场,碾压过程中应洒水降尘。

(四)硬化路面和清洗车辆。施工现场的主要道路及材料加工区地面应进行硬化处理,道路应畅通,路面应平整坚实。裸露的场地和堆放的土方应采取覆盖、固化或绿化等措施。施工现场出入口应设置车辆冲洗设施,并对驶出车辆进行清洗。

(五)清运建筑垃圾。土方和建筑垃圾的运输应采用封闭式运输车辆或采取覆盖措施。建筑物内施工垃圾的清运,应采用器具或管道运输,严禁随意抛掷。施工现场严禁焚烧各类废弃物。

(六)加强监测监控。鼓励施工工地安装在线监测和视频监控设备,并与当地有关主管部门联网。当环境空气质量指数达到中度及以上污染时,施工现场应增加洒水频次,加强覆盖措施,减少易造成大气污染的施工作业。

二、明确了施工工地扬尘管控责任

地方各级住房和城乡建设主管部门及有关部门要按照大气污染防治法的规定,依法依规强化监管,严格督促建设单位和施工单位落实施工工地扬尘管控责任。

(一)建设单位的责任。建设单位应将防治扬尘污染的费用列入工程造价,并在施工承包合同中明确施工单位扬尘污染防治责任。暂时不能开工的施工工地,建设单位应当对裸露地面进行覆盖;超过三个月的,应当进行绿化、铺装或者遮盖。

(二)施工单位的责任。施工单位应制定具体的施工扬尘污染防治实施方案,在施工工地公示扬尘污染防治措施、负责人、扬尘监督管理主管部门等信息。施工单位应当采取有效防尘降尘措施,减少施工作业过程扬尘污染,并做好扬尘污染防治工作。

(三)监管部门的责任。根据当地人民政府确定的职责,地方各级住房和城乡建设主管部门及有关部门要严格施工扬尘监管,加强对施工工地的监督检查,发现建设单位和施工单位的违法违规行为,依照规定责令改正并处以罚款;拒不改正的,责令停工整治。根据当地人民政府重污染天气应急预案的要求,采取停止工地土石方作业和建筑物拆除施工的应急措施。

7.《中华人民共和国河道管理条例》中与轨道交通项目相关的水污染防治条款

第十一条　修建开发水利、防治水害、整治河道的各类工程和跨河、穿河、穿堤、临河的桥梁、码头、道路、渡口、管道、缆线等建筑物及设施,建设单位必须按照河道管理权限,将工程建设方案报送河道主管机关审查同意。未经河道主管机关审查同意的，建设单位不得开工建设。

建设项目经批准后，建设单位应当将施工安排告知河道主管机关。

第十二条　修建桥梁、码头和其他设施，必须按照国家规定的防洪标准所确定的河宽进行，不得缩窄行洪通道。

桥梁和栈桥的梁底必须高于设计洪水位，并按照防洪和航运的要求，留有一定的超高。设计洪水位由河道主管机关根据防洪规划确定。

跨越河道的管道、线路的净空高度必须符合防洪和航运的要求。

第三十五条　在河道管理范围内，禁止堆放、倾倒、掩埋、排放污染水体的物体。禁止在河道内清洗装贮过油类或者有毒污染物的车辆、容器。

河道主管机关应当开展河道水质监测工作，协同环境保护部门对水污染防治实施监督管理。

8.《饮用水水源保护区污染防治管理规定》中与轨道交通项目相关的水污染防治条款

第十一条　饮用水地表水源各级保护区及准保护区内均必须遵守下列规定：

一、禁止一切破坏水环境生态平衡的活动以及破坏水源林、护岸林、与水源保护相关植被的活动。

二、禁止向水域倾倒工业废渣、城市垃圾、粪便及其他废弃物。

三、运输有毒有害物质、油类、粪便的船舶和车辆一般不准进入保护区，必须进入者应事先申请并经有关部门批准、登记并设置防渗、防溢、防漏设施。

四、禁止使用剧毒和高残留农药，不得滥用化肥，不得使用炸药、毒品捕杀鱼类。

第十二条　饮用水地表水源各级保护区及准保护区内必须分别遵守下列规定：

一、一级保护区内

禁止新建、扩建与供水设施和保护水源无关的建设项目；

禁止向水域排放污水，已设置的排污口必须拆除；

不得设置与供水需要无关的码头，禁止停靠船舶；

禁止堆置和存放工业废渣、城市垃圾、粪便和其他废弃物；

禁止设置油库；

禁止从事种植、放养禽畜和网箱养殖活动；

禁止可能污染水源的旅游活动和其他活动。

二、二级保护区内

禁止新建、改建、扩建排放污染物的建设项目；

原有排污口依法拆除或者关闭；

禁止设立装卸垃圾、粪便、油类和有毒物品的码头。

三、准保护区内

禁止新建、扩建对水体污染严重的建设项目;改建建设项目,不得增加排污量。

第十八条　饮用水地下水源各级保护区及准保护区内均必须遵守下列规定:

一、禁止利用渗坑、渗井、裂隙、溶洞等排放污水和其他有害废弃物。

二、禁止利用透水层孔隙、裂隙、溶洞及废弃矿坑储存石油、天然气、放射性物质、有毒有害化工原料、农药等。

三、实行人工回灌地下水时不得污染当地地下水源。

第十九条　饮用水地下水源各级保护区及准保护区内必须遵守下列规定:

一、一级保护区内

禁止建设与取水设施无关的建筑物;

禁止从事农牧业活动;

禁止倾倒、堆放工业废渣及城市垃圾、粪便和其他有害废弃物;

禁止输送污水的渠道、管道及输油管道通过本区;

禁止建设油库;

禁止建立墓地。

二、二级保护区内

(一)对于潜水含水层地下水水源地

禁止建设化工、电镀、皮革、造纸、制浆、冶炼、放射性、印染、染料、炼焦、炼油及其他有严重污染的企业,已建成的要限期治理,转产或搬迁;

禁止设置城市垃圾、粪便和易溶、有毒有害废弃物堆放场和转运站,已有的上述场站要限期搬迁;

禁止利用未经净化的污水灌溉农田,已有的污灌农田要限期改用清水灌溉;

化工原料、矿物油类及有毒有害矿产品的堆放场所必须有防雨、防渗措施。

(二)对于承压含水层地下水水源地

禁止承压水和潜水的混合开采,做好潜水的止水措施。

三、准保护区内

禁止建设城市垃圾、粪便和易溶、有毒有害废弃物的堆放场站,因特殊需要设立转运站的,必须经有关部门批准,并采取防渗漏措施;

当补给源为地表水体时,该地表水体水质不应低于《地表水环境质量标准》Ⅲ类标准;

不得使用不符合《农田灌溉水质标准》的污水进行灌溉,合理使用化肥;

保护水源林,禁止毁林开荒,禁止非更新砍伐水源林。

9.《城市生活垃圾管理办法》(中华人民共和国建设部令第157号)

第三条 城市生活垃圾的治理,实行减量化、资源化、无害化和谁产生、谁依法负责的原则。

国家采取有利于城市生活垃圾综合利用的经济、技术政策和措施,提高城市生活垃圾治理的科学技术水平,鼓励对城市生活垃圾实行充分回收和合理利用。

10.《城市建筑垃圾管理规定》(第53次中国建设部常务会议)

第四条 建筑垃圾处置实行减量化、资源化、无害化和谁产生、谁承担处置责任的原则。

国家鼓励建筑垃圾综合利用,鼓励建设单位、施工单位优先采用建筑垃圾综合利用产品。

第七条 处置建筑垃圾的单位,应当向城市人民政府市容环境卫生主管部门提出申请,获得城市建筑垃圾处置核准后,方可处置。

城市人民政府市容环境卫生主管部门应当在接到申请后的20日内作出是否核准的决定。予以核准的,颁发核准文件;不予核准的,应当告知申请人,并说明理由。

城市建筑垃圾处置核准的具体条件按照《建设部关于纳入国务院决定的十五项行政许可的条件的规定》执行。

第九条 任何单位和个人不得将建筑垃圾混入生活垃圾,不得将危险废物混入建筑垃圾,不得擅自设立弃置场受纳建筑垃圾。

第十条 建筑垃圾储运消纳场不得受纳工业垃圾、生活垃圾和有毒有害垃圾。

第十二条 施工单位应当及时清运工程施工过程中产生的建筑垃圾,并按照城市人民政府市容环境卫生主管部门的规定处置,防止污染环境。

第十三条 施工单位不得将建筑垃圾交给个人或者未经核准从事建筑垃圾运输的单位运输。

第十四条 处置建筑垃圾的单位在运输建筑垃圾时,应当随车携带建筑垃圾处置核准文件,按照城市人民政府有关部门规定的运输路线、时间运行,不得丢弃、遗撒建筑垃圾,不得超出核准范围承运建筑垃圾。

第十五条 任何单位和个人不得随意倾倒、抛撒或者堆放建筑垃圾。

第十六条 建筑垃圾处置实行收费制度,收费标准依据国家有关规定执行。

第十七条 任何单位和个人不得在街道两侧和公共场地堆放物料。因建设等特殊需要,确需临时占用街道两侧和公共场地堆放物料的,应当征得城市人民政府市容环境卫生主管部门同意后,按照有关规定办理审批手续。

11.《关于进一步加强危险废物和医疗废物监管工作的意见》(环发〔2011〕

19号）

（三）规范产生单位危险废物管理。产生危险废物的单位应当以控制危险废物的环境风险为目标，制定危险废物管理计划和应急预案并报所在地县级以上地方环保部门备案。依据《固体废物鉴别导则》（原国家环保总局、国家发展改革委、商务部、海关总署、国家质检总局公告2006年第11号）、《国家危险废物名录》（环境保护部令第1号）和《危险废物鉴别标准》（GB 5085），自行或委托专业机构正确鉴别和分类收集危险废物。对盛装危险废物的容器和包装物，要确保无破损、泄漏和其他缺陷，依据《危险废物贮存污染控制标准》（GB 18597）规范建设危险废物贮存场所并设置危险废物标识。加强危险废物贮存期间的环境风险管理，危险废物贮存时间不得超过一年。严格执行危险废物转移联单制度，禁止将危险废物提供或委托给无危险废物经营许可证的单位从事收集、贮存、利用、处置等经营活动。严禁委托无危险货物运输资质的单位运输危险废物。自建危险废物贮存、利用、处置设施的，应当符合《危险废物贮存污染控制标准》（GB 18597）、《危险废物填埋污染控制标准》（GB 18598）、《危险废物焚烧污染控制标准》（GB 18484）等相关标准的要求，依法进行环境影响评价并遵守国家有关建设项目环境保护管理的规定；按照所在地环保部门要求定期对利用处置设施污染物排放进行监测，其中对焚烧设施二噁英排放情况每年至少监测一次。要将危险废物的产生、贮存、利用、处置等情况纳入生产记录，建立危险废物管理台账，如实记录相关信息并及时依法向环保部门申报。

（六）完善环评审批。建设产生危险废物的项目，应当严格进行环境影响评价，合理分析危险废物的产生环节、种类、危害特性、产生量、利用或处置方式，科学预测其环境影响。对危险废物产生强度大以及所产生的危险废物分析不清、无妥善利用或处置方案和风险防范措施的建设项目，不予批准其环评文件。建设项目竣工环境保护验收时，应对危险废物产生、贮存、利用和处置情况，风险防范措施，管理计划等进行核查。

12.《中共中央办公厅、国务院办公厅印发关于划定并严守生态保护红线的若干意见》（厅字〔2017〕2号）

（九）实行严格管控。生态保护红线原则上按禁止开发区域的要求进行管理，严禁不符合主体功能定位的各类开发活动，严禁任意改变用途。因国家重大基础设施、重大民生保障项目建设等需要调整的，由省级政府组织论证，提出调整方案，经环境保护部、国家发展改革委员会同有关部门提出审核意见后，报国务院批准。因国家重大战略资源勘查需要，在不影响主体功能定位的前提下，经依法批准后予以安排勘查项目。

13.《中共中央办公厅、国务院办公厅关于在国土空间规划中统筹划定落实三条控制线的指导意见》(厅字〔2019〕48号)

(四)按照生态功能划定生态保护红线。生态保护红线内,自然保护地核心保护区原则上禁止人为活动,其他区域严格禁止开发性、生产性建设活动,在符合现行法律法规前提下,除国家重大战略项目外,仅允许对生态功能不造成破坏的有限人为活动,主要包括:零星的原住民在不扩大现有建设用地和耕地规模前提下,修缮生产生活设施,保留生活必需的少量种植、放牧、捕捞、养殖;因国家重大能源资源安全需要开展的战略性能源资源勘查,公益性自然资源调查和地质勘查;自然资源、生态环境监测和执法包括水文水资源监测及涉水违法事件的查处等,灾害防治和应急抢险活动;经依法批准进行的非破坏性科学研究观测、标本采集;经依法批准的考古调查发掘和文物保护活动;不破坏生态功能的适度参观旅游和相关的必要公共设施建设;必须且无法避让、符合县级以上国土空间规划的线性基础设施建设、防洪和供水设施建设与运行维护;重要生态修复工程。

14.《中华人民共和国自然保护区条例》

第七条　一切单位和个人都有保护自然保护区内自然环境和自然资源的义务,并有权对破坏、侵占自然保护区的单位和个人进行检举、控告。

第十五条　任何单位和个人,不得擅自移动自然保护区的界标。

第二十六条　禁止在自然保护区内进行砍伐、放牧、狩猎、捕捞、采药、开垦、烧荒、开矿、采石、挖沙等活动;但是,法律、行政法规另有规定的除外。

第二十八条　禁止在自然保护区的缓冲区开展旅游和生产经营活动。

15.《中华人民共和国野生植物保护条例》

第七条　任何单位和个人都有保护野生植物资源的义务,对侵占或者破坏野生植物及其生长环境的行为有权检举和控告。

第九条　禁止任何单位和个人非法采集野生植物或者破坏其生长环境。

第十一条　禁止破坏国家重点保护野生植物和地方重点保护野生植物的保护点的保护设施和保护标志。

第十三条　建设项目对国家重点保护野生植物和地方重点保护野生植物的生长环境产生不利影响的,建设单位提交的环境影响报告书中必须对此作出评价。

16.《风景名胜区条例》

第六条　任何单位和个人都有保护风景名胜资源的义务,并有权制止、检举破坏风景名胜资源的行为。

第二十六条　在风景名胜区内禁止进行下列活动:

(一)开山、采石、开矿、开荒、修坟立碑等破坏景观、植被和地形地貌的活动；

(二)修建储存爆炸性、易燃性、放射性、毒害性、腐蚀性物品的设施；

(三)在景物或者设施上刻划、涂污；

(四)乱扔垃圾。

第三十条　风景名胜区内的建设项目应当符合风景名胜区规划，并与景观相协调，不得破坏景观、污染环境、妨碍游览。

在风景名胜区内进行建设活动的，建设单位、施工单位应当制定污染防治和水土保持方案，并采取有效措施，保护好周围景物、水体、林草植被、野生动物资源和地形地貌。

17.《地质遗迹保护管理规定》

第十七条　任何单位和个人不得在保护区内及可能对地质遗迹造成影响的一定范围内进行采石、取土、开矿、放牧、砍伐以及其他对保护对象有损害的活动。未经管理机构批准，不得在保护区范围内采集标本和化石。

第十八条　不得在保护区内修建与地质遗迹保护无关的厂房或其他建筑设施；对已建成并可能对地质遗迹造成污染或破坏的设施，应限期治理或停业外迁。

18.《森林公园管理办法》

第十一条　禁止在森林公园毁林开垦和毁林采石、采砂、采土以及其他毁林行为。

采伐森林公园的林木，必须遵守有关林业法规、经营方案和技术规程的规定。

第十二条　占用、征收、征用或者转让森林公园经营范围内的林地，必须征得森林公园经营管理机构同意，并按《中华人民共和国森林法》及其实施细则等有关规定，办理占用、征收、征用或者转让手续，按法定审批权限报人民政府批准，交纳有关费用。

依前款规定占用、征收、征用或者转让国有林地的，必须经省级林业主管部门审核同意。

19.《湿地保护管理规定》

第三十一条　除法律法规有特别规定的以外，在湿地内禁止从事下列活动：

(一)开(围)垦湿地，放牧、捕捞；

(二)填埋、排干湿地或者擅自改变湿地用途；

(三)取用或者截断湿地水源；

(四)挖砂、取土、开矿；

(五)排放生活污水、工业废水；

(六)破坏野生动物栖息地、鱼类洄游通道，采挖野生植物或者猎捕野生动物；

(七)引进外来物种;

(八)其他破坏湿地及其生态功能的活动。

第三十二条 工程建设应当不占或者少占湿地。确需征收或者占用的,用地单位应当依法办理相关手续,并给予补偿。

临时占用湿地的,期限不得超过2年;临时占用期限届满,占用单位应当对所占湿地进行生态修复。

20.《国家湿地公园管理办法》

第十八条 禁止擅自征收、占用国家湿地公园的土地。确需征收、占用的,用地单位应当征求省级林业主管部门的意见后,方可依法办理相关手续。由省级林业主管部门报国家林业局备案。

第十九条 除国家另有规定外,国家湿地公园内禁止下列行为:

(一)开(围)垦、填埋或者排干湿地。

(二)截断湿地水源。

(三)挖沙、采矿。

(四)倾倒有毒有害物质、废弃物、垃圾。

(五)从事房地产、度假村、高尔夫球场、风力发电、光伏发电等任何不符合主体功能定位的建设项目和开发活动。

(六)破坏野生动物栖息地和迁徙通道、鱼类洄游通道,滥采滥捕野生动植物。

(七)引入外来物种。

(八)擅自放牧、捕捞、取土、取水、排污、放生。

(九)其他破坏湿地及其生态功能的活动。

21.《建设项目竣工环境保护验收暂行办法》

第五条 建设项目竣工后,建设单位应当如实查验、监测、记载建设项目环境保护设施的建设和调试情况,编制验收监测(调查)报告。

以排放污染物为主的建设项目,参照《建设项目竣工环境保护验收技术指南 污染影响类》编制验收监测报告;主要对生态造成影响的建设项目,按照《建设项目竣工环境保护验收技术规范 生态影响类》编制验收调查报告;火力发电、石油炼制、水利水电、核与辐射等已发布行业验收技术规范的建设项目,按照该行业验收技术规范编制验收监测报告或者验收调查报告。

建设单位不具备编制验收监测(调查)报告能力的,可以委托有能力的技术机构编制。建设单位对受委托的技术机构编制的验收监测(调查)报告结论负责。建设单位与受委托的技术机构之间的权利义务关系,以及受委托的技术机构应当承担的责任,可以通过合同形式约定。

第六条　需要对建设项目配套建设的环境保护设施进行调试的，建设单位应当确保调试期间污染物排放符合国家和地方有关污染物排放标准和排污许可等相关管理规定。

环境保护设施未与主体工程同时建成的，或者应当取得排污许可证但未取得的，建设单位不得对该建设项目环境保护设施进行调试。

调试期间，建设单位应当对环境保护设施运行情况和建设项目对环境的影响进行监测。验收监测应当在确保主体工程调试工况稳定、环境保护设施运行正常的情况下进行，并如实记录监测时的实际工况。国家和地方有关污染物排放标准或者行业验收技术规范对工况和生产负荷另有规定的，按其规定执行。建设单位开展验收监测活动，可根据自身条件和能力，利用自有人员、场所和设备自行监测；也可以委托其他有能力的监测机构开展监测。

第七条　验收监测（调查）报告编制完成后，建设单位应当根据验收监测（调查）报告结论，逐一检查是否存在本办法第八条所列验收不合格的情形，提出验收意见。存在问题的，建设单位应当进行整改，整改完成后方可提出验收意见。

验收意见包括工程建设基本情况、工程变动情况、环境保护设施落实情况、环境保护设施调试效果、工程建设对环境的影响、验收结论和后续要求等内容，验收结论应当明确该建设项目环境保护设施是否验收合格。

建设项目配套建设的环境保护设施经验收合格后，其主体工程方可投入生产或者使用；未经验收或者验收不合格的，不得投入生产或者使用。

第八条　建设项目环境保护设施存在下列情形之一的，建设单位不得提出验收合格的意见：

（一）未按环境影响报告书（表）及其审批部门审批决定要求建成环境保护设施，或者环境保护设施不能与主体工程同时投产或者使用的；

（二）污染物排放不符合国家和地方相关标准、环境影响报告书（表）及其审批部门审批决定或者重点污染物排放总量控制指标要求的；

（三）环境影响报告书（表）经批准后，该建设项目的性质、规模、地点、采用的生产工艺或者防治污染、防止生态破坏的措施发生重大变动，建设单位未重新报批环境影响报告书（表）或者环境影响报告书（表）未经批准的；

（四）建设过程中造成重大环境污染未治理完成，或者造成重大生态破坏未恢复的；

（五）纳入排污许可管理的建设项目，无证排污或者不按证排污的；

（六）分期建设、分期投入生产或者使用依法应当分期验收的建设项目，其分期建设、分期投入生产或者使用的环境保护设施防治环境污染和生态破坏的能力不能满足其相应主体工程需要的；

（七）建设单位因该建设项目违反国家和地方环境保护法律法规受到处罚，被责令改正，尚未改正完成的；

（八）验收报告的基础资料数据明显不实，内容存在重大缺项、遗漏，或者验收结论不明确、不合理的；

（九）其他环境保护法律法规规章等规定不得通过环境保护验收的。

第九条　为提高验收的有效性，在提出验收意见的过程中，建设单位可以组织成立验收工作组，采取现场检查、资料查阅、召开验收会议等方式，协助开展验收工作。验收工作组可以由设计单位、施工单位、环境影响报告书（表）编制机构、验收监测（调查）报告编制机构等单位代表以及专业技术专家等组成，代表范围和人数自定。

第十条　建设单位在“其他需要说明的事项”中应当如实记载环境保护设施设计、施工和验收过程简况、环境影响报告书（表）及其审批部门审批决定中提出的除环境保护设施外的其他环境保护对策措施的实施情况，以及整改工作情况等。

相关地方政府或者政府部门承诺负责实施与项目建设配套的防护距离内居民搬迁、功能置换、栖息地保护等环境保护对策措施的，建设单位应当积极配合地方政府或部门在所承诺的时限内完成，并在“其他需要说明的事项”中如实记载前述环境保护对策措施的实施情况。

第十一条　除按照国家需要保密的情形外，建设单位应当通过其网站或其他便于公众知晓的方式，向社会公开下列信息：

（一）建设项目配套建设的环境保护设施竣工后，公开竣工日期；

（二）对建设项目配套建设的环境保护设施进行调试前，公开调试的起止日期；

（三）验收报告编制完成后5个工作日内，公开验收报告，公示的期限不得少于20个工作日。

建设单位公开上述信息的同时，应当向所在地县级以上环境保护主管部门报送相关信息，并接受监督检查。

第十二条　除需要取得排污许可证的水和大气污染防治设施外，其他环境保护设施的验收期限一般不超过3个月；需要对该类环境保护设施进行调试或者整改的，验收期限可以适当延期，但最长不超过12个月。

验收期限是指自建设项目环境保护设施竣工之日起至建设单位向社会公开验收报告之日止的时间。

第十三条　验收报告公示期满后5个工作日内，建设单位应当登录全国建设项目竣工环境保护验收信息平台，填报建设项目基本信息、环境保护设施验收情况等相关信息，环境保护主管部门对上述信息予以公开。

建设单位应当将验收报告以及其他档案资料存档备查。

22.《城市绿化条例》

第十八条　任何单位和个人都不得擅自改变城市绿化规划用地性质或者破坏绿化规划用地的地形、地貌、水体和植被。

第十九条　任何单位和个人都不得擅自占用城市绿化用地；占用的城市绿化用地，应当限期归还。

因建设或者其他特殊需要临时占用城市绿化用地，须经城市人民政府城市绿化行政主管部门同意，并按照有关规定办理临时用地手续。

第二十条　任何单位和个人都不得损坏城市树木花草和绿化设施。

砍伐城市树木，必须经城市人民政府城市绿化行政主管部门批准，并按照国家有关规定补植树木或者采取其他补救措施。

第二十四条　百年以上树龄的树木，稀有、珍贵树木，具有历史价值或者重要纪念意义的树木，均属古树名木。

严禁砍伐或者迁移古树名木。因特殊需要迁移古树名木，必须经城市人民政府城市绿化行政主管部门审查同意，并报同级或者上级人民政府批准。

23.《基本农田保护条例》

第十五条　基本农田保护区经依法划定后，任何单位和个人不得改变或者占用。国家能源、交通、水利、军事设施等重点建设项目选址确实无法避开基本农田保护区，需要占用基本农田，涉及农用地转用或者征收土地的，必须经国务院批准。

第十六条　经国务院批准占用基本农田的，当地人民政府应当按照国务院的批准文件修改土地利用总体规划，并补充划入数量和质量相当的基本农田。占用单位应当按照占多少、垦多少的原则，负责开垦与所占基本农田的数量与质量相当的耕地；没有条件开垦或者开垦的耕地不符合要求的，应当按照省、自治区、直辖市的规定缴纳耕地开垦费，专款用于开垦新的耕地。

占用基本农田的单位应当按照县级以上地方人民政府的要求，将所占用基本农田耕作层的土壤用于新开垦耕地、劣质地或者其他耕地的土壤改良。

第十八条　禁止任何单位和个人闲置、荒芜基本农田。经国务院批准的重点建设项目占用基本农田的，满1年不使用而又可以耕种并收获的，应当由原耕种该幅基本农田的集体或者个人恢复耕种，也可以由用地单位组织耕种；1年以上未动工建设的，应当按照省、自治区、直辖市的规定缴纳闲置费；连续2年未使用的，经国务院批准，由县级以上人民政府无偿收回用地单位的土地使用权；该幅土地原为农民集体所有的，应当交由原农村集体经济组织恢复耕种，重新划入基本农田保护区。

第二十四条　经国务院批准占用基本农田兴建国家重点建设项目的，必须遵守国家有关建设项目环境保护管理的规定。在建设项目环境影响报告书中,应当有基本农田环境保护方案。

4.2.3 地方环境保护管理法规与规章

《江苏省人民代表大会常务委员会关于加强饮用水源地保护的决定》《江苏省文物保护条例》《江苏省大气污染防治行动计划实施方案》《江苏省土地管理条例》《江苏省历史文化名城名镇保护条例》《江苏省大气污染防治条例》《省政府关于印发江苏省大气污染防治行动计划实施方案的通知》《关于落实省大气污染防治行动计划实施方案严格环境影响评价准入的通知》《江苏省环境噪声污染防治条例》《江苏省固体废物污染环境防治条例》《省政府关于印发推进环境保护工作若干政策措施的通知》《关于切实做好建设项目环境管理工作的通知》《关于切实加强危险废物监管工作的意见》《江苏省突发公共事件总体应急预案》《省政府关于实施蓝天工程改善大气环境的意见》《关于加强建设项目环评文件固体废物内容编制的通知》《江苏省政府关于印发江苏省大气污染防治行动计划实施方案的通知》《关于加强环境影响评价现状监测管理的通知》《省政府关于印发江苏省国家级生态保护红线规划的通知》《关于切实加强施工工地塑料防尘网使用管理工作的通知》《南京市大气污染防治条例》《南京市扬尘污染防治管理办法》《南京市水环境保护条例》《南京市工程施工现场管理规定》等地方法规条例规定了建设项目的建设单位和参建各方的环保责任。

1.《江苏省大气污染防治行动计划实施方案》

加强城市扬尘综合整治。全面推行“绿色施工”,建立扬尘控制责任制度,建设工程施工现场应全封闭设置围挡墙,严禁敞开式作业,施工现场道路应进行地面硬化。渣土运输车辆应采取密闭措施,安装卫星定位系统,严格执行冲洗、限速等规定,严禁带泥上路。加强城市道路清扫保洁和洒水抑尘,提高机械化作业水平,控制道路交通扬尘污染,到2017年,沿江8个省辖市城市建成区主要车行道机扫率达到90%以上,其他城市建成区主要车行道机扫率达到80%以上。加强港口、码头、车站等地装卸作业及物料堆场扬尘防治,大型煤堆、料堆要实现封闭储存或建设防风抑尘设施。积极创建扬尘污染控制区,不断扩大控制区面积。到2017年,各省辖市建成区降尘强度比2012年下降15%以上。

2.《关于印发江苏省打赢蓝天保卫战三年行动计划实施方案的通知》(苏政发〔2018〕122号)

提出严格施工扬尘监管。2018年底前,各地建立施工工地管理清单。因地制宜稳步发展装配式建筑。将施工工地扬尘污染防治纳入文明施工管理范畴,建立扬尘控制责任制度,扬尘治理费用列入工程造价。严格执行《建筑工地扬尘防治标准》,做到工地周边围挡、物料堆放覆盖、土方开挖湿法作业、路面硬化、出入车辆清洗、渣土车辆密闭运输“六个百分之百”,安装在线监测和视频监控设备,并与当地有关主管部门联网。有条件的地区,推进运用车载光散射、走航监测车等技术,检测评定道路扬尘污染状况。将扬尘管理工作不到位的不良信息纳入建筑市场信用管理体系,情节严重的,列入建筑市场主体“黑名单”。扬尘防治检查评定不合格的建筑工地一律停工整治,限期整改达到合格。2020年起,拆迁工地洒水或喷淋措施执行率达到100%。加强道路扬尘综合整治,及时修复破损路面,运输道路实施硬化。加强城区绿化建设,裸地实现绿化、硬化。大力推进道路清扫保洁机械化作业,提高道路机械化清扫率,2020年底前,各设区市建成区达到90%以上,县城达到80%以上。严格渣土运输车辆规范化管理,渣土运输车需密闭,不符合要求的一经查处依法取消其承运资质。严格执行冲洗、限速等规定,严禁渣土运输车辆带泥上路。

3.《南京市扬尘污染防治管理办法》《南京市政府关于印发加强扬尘污染防控“十条措施”的通知》、南京市建委印发的《南京市建设工程大气污染防治攻坚实施方案》的通知(宁建质字〔2019〕309号)

根据《南京市扬尘污染防治管理办法》《南京市政府关于印发加强扬尘污染防控“十条措施”的通知》、南京市建委印发的《南京市建设工程大气污染防治攻坚实施方案》的通知(宁建质字〔2019〕309号)等,对南京市的施工扬尘污染提出了明确的防治要求:(1)在本市主要路段、市容景观道路,以及机场、码头、物流仓储、车站广场等设置围挡的,其高度不得低于2.5米;在其他路段设置围挡的,其高度不得低于1.8米。围挡应当设置不低于0.2米的防溢座;(2)对裸露的地面及堆放的易产生扬尘污染的物料进行覆盖;(3)施工工地出入口安装冲洗设施,并保持出入口通道及道路两侧各50米范围内的清洁;(4)建筑垃圾应当在48小时内及时清运。不能及时清运的,应当在施工场地内实施覆盖或者采取其他有效防尘措施;(5)项目主体工程完工后,建设单位应当及时平整施工工地,清除积土、堆物,采取内部绿化、覆盖等防尘措施;(6)伴有泥浆的施工作业,应当配备相应的泥浆池、泥浆沟,做到泥浆不外流。废浆应当采用密封式罐车外运;(7)施工工地应当按照规定使用预拌混凝土、预拌砂浆;(8)土方、拆除、洗刨工程作业时,应当采取洒水压尘措施,缩短起尘操作时间;气象预报风速达到5级以上时,未采取防尘措施的,不得进行土方回填、转运以及其他可能产生扬尘污染的施工作业。

4.《江苏省水资源管理条例》中与轨道交通项目建设相关的水污染防治和节约用水相关的条款

第十六条　用水单位应当采取一水多用、循环用水等措施,提高水资源的重复利用率,间接冷却水一般不得直接排放。

工业用水重复利用率低于国家规定水平的城市,在达标之前不得新增工业用水量。

用水单位用水量高于行业用水定额的,不得增加用水计划,不得新建自备取用水设施。

第十七条 新建、改建、扩建建设项目需要取用水的，应当制定节水方案，进行节水评估，配套建设节水设施。节水设施应当与主体工程同时设计、同时施工、同时投入使用。

已建项目未配套建设节水设施的，应当在水行政主管部门或者有关部门规定的期限内进行节水设施的配套建设。

第二十八条 在河流、湖泊、水库管理范围内取土、挖砂、采矿、兴建各类工程及进行其他生产性活动的，应当依法办理有关手续，采取防护性措施，防止水土流失和破坏、污染水资源。

第二十九条 地下水应当分层开采，禁止潜水和承压水以及承压水之间混合开采、咸淡水串通开采。

在城市、集镇等建筑物密集的地区禁止开采浅层地下水用于水温空调。

开采矿藏或者建设地下工程，可能造成地下水含水层串通或者地下水污染的，以及因疏干排水导致地下水水位下降、水源枯竭或者地面塌陷的，采矿单位或者建设单位应当采取预防和保护措施。对他人生活和生产造成损失的，依法给予补偿。

5.《江苏省人民代表大会常务委员会关于加强饮用水源地保护的决定》中与轨道交通项目建设相关的水污染防治相关的条款

十、在饮用水水源准保护区内，禁止下列行为：

（一）新建、扩建排放含持久性有机污染物和含汞、镉、铅、砷、硫、铬、氰化物等污染物的建设项目；

（二）新建、扩建化学制浆造纸、制革、电镀、印制线路板、印染、染料、炼油、炼焦、农药、石棉、水泥、玻璃、冶炼等建设项目；

（三）排放省人民政府公布的有机毒物控制名录中确定的污染物；

（四）建设高尔夫球场、废物回收（加工）场和有毒有害物品仓库、堆栈，或者设置煤场、灰场、垃圾填埋场；

（五）新建、扩建对水体污染严重的其他建设项目，或者从事法律、法规禁止的其他活动。

在饮用水水源准保护区内，改建项目应当削减排污量。

十一、在饮用水水源二级保护区内除禁止第十条规定的行为外，禁止下列行为：

（一）设置排污口；

（二）从事危险化学品装卸作业或者煤炭、矿砂、水泥等散货装卸作业；

（三）设置水上餐饮、娱乐设施（场所），从事船舶、机动车等修造、拆解作业，或者在水域内采砂、取土；

（四）围垦河道和滩地，从事围网、网箱养殖，或者设置集中式畜禽饲养场、屠宰场；

（五）新建、改建、扩建排放污染物的其他建设项目，或者从事法律、法规禁止的其他活动。

在饮用水水源二级保护区内从事旅游等经营活动的，应当采取措施防止污染饮用水水体。

在饮用水水源一级保护区内除禁止第十条、第十一条规定的行为外，禁止新建、改建、扩建与供水设施和保护水源无关的其他建设项目，禁止在滩地、堤坡种植农作物，禁止设置鱼罾、鱼簖或者以其他方式从事渔业捕捞，禁止停靠船舶、排筏，禁止从事旅游、游泳、垂钓或者其他可能污染饮用水水体的活动。

6.《省政府关于印发江苏省水污染防治工作方案的通知》中与轨道交通项目施工有关的要求

控制用水总量。新建、改建、扩建项目用水指标要达到行业先进水平，节水设施应与主体工程同时设计、同时施工、同时投运。

加强再生水利用。以缺水及水污染严重地区城市为重点，完善再生水利用设施，工业生产、城市绿化、道路清扫、车辆冲洗、建筑施工以及生态景观等用水，优先使用再生水。

7.《南京市水环境保护条例》中与轨道交通项目建设相关的水污染防治条款

第十七条　建设项目的水污染防治设施，应当与主体工程同时设计、同时施工、同时投入使用。

建设项目按照规定需要对环境工程的设计、施工进行监理的，建设单位应当委托有资质的监理单位进行监理。

第十九条　禁止下列污染水环境的行为：

（一）在水体清洗或者向水体丢弃装贮过油类、化工品、危险废物、有害废物或者有毒物质的容器；

（二）向水体直接排放清洗装贮过油类、化工品、危险废物、有害废物或者有毒物质的车辆、船舶和容器的废水或者溶剂；

（三）非法转移倾倒，采取稀释或者渗漏方式排放废水、废液；

（四）销售、使用含磷洗涤用品；

（五）法律、法规规定的其他禁止行为。

第三十一条　饮用水水源地准保护区内禁止下列行为：

（一）新设排污口；

（二）新建直接向水体排放污水的项目；

（三）新建工业固体废物集中贮存、处置的设施、场所或者生活垃圾填埋场；

（四）擅自通行装运有毒有害和油类、粪便等易污染水体物质的船舶和车辆；

（五）水上餐饮经营；

(六)开山采石、取土,损毁林木,破坏植被、水生生物;

(七)法律、法规规定的其他禁止行为。

第三十二条 饮用水水源地二级保护区内除禁止第三十一条规定的行为外,还禁止下列行为:

(一)在水域内采砂、取土;

(二)围垦河道和滩地,从事围网、网箱养殖;

(三)从事煤炭、矿砂、水泥等散货装卸作业;

(四)设置畜禽养殖场、屠宰场;

(五)新建集中居住区;

(六)法律、法规规定的其他禁止行为。

第三十三条 饮用水水源地一级保护区内除禁止第三十一条、第三十二条规定的行为外,还禁止下列行为和活动:

(一)新建、改建、扩建与供水设施和保护饮用水水源地无关的建设项目;

(二)在滩地、堤坡种植农作物;

(三)船舶和排筏航行、停泊和作业(执行饮用水水源地保护公务的船只除外);

(四)从事旅游、游泳、垂钓、捕捞和其他可能污染饮用水水源地的活动;

(五)法律、法规规定的其他禁止行为。

第三十七条 加强地下水资源保护。地下水开发、利用应当遵循总量控制、分层取水、采补平衡的原则。出现地面沉降、塌陷等地质环境灾害时,水行政主管部门或者国土资源行政主管部门应当按照职责,要求有关单位停止开采地下水。

垃圾填埋场和含有地下工程设施的贮存液体化学原料、油类的单位,应当按照规范对地下工程采取防止渗漏措施,配套建设地下水监测井等水污染防治设施,并定期向环境保护行政主管部门和水行政主管部门提交地下水水质监测报告。

从事地下勘探、采矿、工程降排水、地下空间开发利用等可能干扰地下含水层的活动,应当采取防止破坏地下水资源的措施。

第五十六条 单位发生事故或者事件造成或者可能造成水污染的,应当立即采取应急措施,同时向市、区人民政府或者环境保护行政主管部门报告,并依法做好事后处置和事后恢复工作。环境保护行政主管部门应当向同级人民政府报告,并通报有关部门。

单位造成水环境重大污染,超过该单位自行处置能力的,污染发生地人民政府及其相关部门应当先行应急处理。相关赔偿费用由发生水污染事件的单位承担。

8.《南京市水资源保护条例》中与轨道交通项目建设相关的水污染防治条款

在水功能区从事工程建设以及养殖、旅游、水上运动、餐饮等开发利用活动的,不得影响本水功能区及相邻水功能区的水域使用功能,不得降低水功能区水质目标确定的水质。在暂未划定水功能区的水域进行开发利用活动的,不得影响相邻水域已划定水功能区的水域使用功能。

第十三条 在河道、湖泊管理范围内从事港口、码头、桥梁、船台、输变电工程、隧道等工程建设项目,其施工作业、弃置施工废弃物的位置和方式应当在工程建设施工方案中明确。需要改变工程建设施工方案的,应当报经原批准机关同意。

第十五条 在饮用水源保护区内禁止下列行为:

(一)设置排污口;

(二)设置水上餐饮、娱乐设施(场所),新建、扩建码头、砂场、船厂、水上加油站等污染水源的建设项目;

(三)在水域内采砂、取土;

(四)向水体排放工业废水和生活污水;

(五)在滩地和岸坡堆放、存储、填埋,或者向水体倾倒废渣、垃圾等固体废弃物、污染物以及其他有毒有害物;

(六)使用高毒高残留农药,设置畜禽养殖场;

(七)违反法律、法规规定的其他行为。

在一级保护区内,除禁止前款规定的行为外,还禁止下列行为:

(一)从事采矿、采石、爆破等活动;

(二)使用炸药、农药等有毒有害物品捕杀水生动物;

(三)在水体放养畜禽;

(四)从事运动、旅游等可能污染饮用水源的水上经营活动;

(五)新建、扩建与供水设施和保护水源无关的建设项目。

9.《江苏省固体废物污染环境防治条例》(江苏省人大常委会第58号)

第七条 产生固体废物的单位和个人应当采取措施,防止或者减少固体废物污染环境。

任何单位和个人都有权对造成固体废物污染环境的单位和个人进行检举和控告。

第十条 产生工业固体废物的单位应当建立工业固体废物的种类、产生量、流向、贮存、处置等有关资料的档案,按年度向所在地县级以上地方人民政府环境保护行政主管部门申报登记。申报登记事项发生重大改变的,应当在发生改变之日起十个工作日内向原登记机关申报。

第十五条 产生、收集、贮存、利用、处置工业固体废物的单位终止或者搬迁的,应当事先对原址土壤和地下水受污染的程度进行监测和评估,编制环境风险评估报告,报所在地县级以上地方人民政府环境保护行政主管部门备案;对原址土壤或者地下水造成污染的,应当进行环境修复。

环境监测、评估、修复等费用由产生、收集、贮存、利用、处置工业固体废物和造成污染的单位承担。

第二十条　鼓励采用新技术、新工艺对建筑垃圾进行综合利用，鼓励优先采用建筑垃圾综合利用产品。

建设单位需要处置建筑垃圾的，应当按照有关规定在工程开工前向当地环境卫生行政主管部门申请办理建筑垃圾处置核准手续。建筑垃圾消纳场地的设置应当经当地环境卫生行政主管部门批准。

第二十一条　工程施工单位应当在施工现场设置独立的建筑垃圾收集场所，对施工现场出入口地面做硬化处理，设置清洗设施、设备清洗出场车辆，防止污染环境。

运输建筑垃圾应当使用密闭式运输工具，按照规定的时间、线路运送到指定的消纳场地。

第二十六条　产生危险废物的单位应当按照国家有关规定和环境影响评价文件确定的危险废物污染防治措施，按年度制定危险废物管理计划，并在每年十一月三十日前将下一年度危险废物管理计划报所在地县级以上地方人民政府环境保护行政主管部门备案。

第二十八条　产生危险废物的单位应当建立危险废物产生情况台账，如实记载危险废物的名称、类别、时间、数量、去向等情况，并保存五年以上。

产生危险废物的单位终止的，应当将台账报送所在地县（市、区）环境保护行政主管部门存档管理。

第二十九条　申请转移危险废物的，应当具备下列条件：

（一）危险废物接受单位持有危险废物经营许可证，并同意接受；

（二）危险废物的包装、运输符合国家有关标准、技术规范和要求；

（三）有防止危险废物转移过程中污染环境的措施和事故应急救援方案；

（四）法律、法规规定的其他条件。

第三十条　转移危险废物应当按照国家有关规定填写危险废物转移联单并报送移出地、接受地设区的市地方人民政府环境保护行政主管部门。无转移联单的，运输单位不得承运，贮存、利用、处置单位不得接受。

移出地、接受地设区的市地方人民政府环境保护行政主管部门应当将转移危险废物的审批结果向社会公开，并定期报告上一级环境保护行政主管部门。

第三十六条　大专院校、科研院所以及其他相关单位应当建立实验室废物分类、登记管理制度，加强对所属实验室产生的废药剂、废试剂、实验动物尸体及其他实验室废物的管理，防止其污染环境、危害公众健康。

实验室产生的液态废物应当分类暂存，不得直接倾倒。过期、失效及多余药剂应当设置专门贮存场所分类存放，不得擅自弃置、填埋。

实验室产生的危险废物应当定期委托有相应资质单位处置。

第四十三条　新建、改建、扩建污水处理设施，其环境影响评价文件中应当包含污泥利用或者处置方案。

自行利用和处置污泥的，应当配套建设污泥利用或者处置设施，且与污水处理设施同时设计、同时施工、同时投入使用；不自行利用或者处置污泥的，应当将委托利用或者处置污泥的情况，在污水处理设施试运行前报告所在地县级以上地方人民政府环境保护行政主管部门。

10.《南京市固体废物污染环境防治条例》(苏人发〔2018〕36 号)

第六条　产生固体废物的单位，应当将固体废物综合利用工作纳入生产经营管理计划，采用符合清洁生产要求的生产工艺和技术，减少固体废物产生的种类、数量，提高固体废物的利用率，降低或者消除固体废物对环境的危害。

第七条　产生工业固体废物、危险废物、有害废物和电子废物的单位，应当在第一季度向环境保护行政主管部门申报当年固体废物预计产生的种类、数量、流向、贮存、处置等有关资料。申报事项发生重大改变的，应当及时变更申报。

第八条　产生工业固体废物、危险废物、有害废物、电子废物的单位和个人，应当按照环境保护的要求和有关技术规范处置固体废物。对不处置的单位，由所在地环境保护行政主管部门责令限期改正，逾期不处置或者处置不符合环境保护要求和有关技术规范的，由所在地环境保护行政主管部门指定有关单位处置，处置费用由产生固体废物的单位承担。

第九条　工业固体废物、危险废物、有害废物、电子废物应当分类堆放，在指定的场所处置，不得混入生活垃圾、建筑垃圾收集、运输、处置。

运输固体废物不得沿途抛撒、倾倒。运输易飘散的固体废物，应当采取有效的密闭或者遮盖等措施。

第十条　禁止下列行为：

(一)在自然保护区、饮用水水源保护区、风景名胜区、文物保护区、基本农田保护区和其他需要特别保护的区域排放、贮存、处置固体废物；

(二)向江、河、湖泊、水库等水体倾倒固体废物；

(三)利用渗井(坑)、溶洞、河滩(岸)等处排放、倾倒固体废物；

(四)焚烧产生有毒有害烟尘和恶臭气体的固体废物；

(五)法律、法规禁止的其他行为。

第十二条　对受固体废物污染的土壤应当进行环境风险评估、修复和处置。

开发利用土地，有下列情形之一的，开发利用者应当事先委托有资质的单位进行环境影响评估，评估受污染的程度，并明确修复和处置的要求，按照污染者承担治理责任的原则进行修复和处置：

（一）化工、印染、电镀等单位停产、关闭、搬迁后的原址；

（二）危险废物的堆放、填埋场地；

（三）其他受污染的土壤。

评估、修复和处置受污染土壤的办法由市人民政府制定。

第十五条　单位对其产生的工业固体废物应当加以利用。无条件自行利用的，可以交有条件的单位利用；暂时不利用或者不能利用的，应当按照国家规定建设贮存设施，分类安全存放或者按照环境保护的有关规定处置。

第十六条　堆放工业固体废物应当符合下列要求：

（一）采取防水、防火、防渗漏、防扬散、防流失等环保措施；

（二）建立台账并定期检查、监测；

（三）国家有关堆放场所和设施的其他规定。

第十七条　堆放、填埋工业固体废物的场地停用或者关闭后，有关责任单位应当加强监测、管理和安全防范，并按照规定处置。

第三十三条　建筑、装修施工单位和个人，应当坚持节能减排和综合利用的原则，减少固体废物的产生量，并按照规定及时清运和处置建筑、装修施工中产生的固体废物。

11.《江苏省环境噪声污染防治条例》

第二十三条　建设城市道路、城市高架桥、高速公路、轻轨道路等交通工程项目应当进行环境影响评价，避开噪声敏感建筑物集中区域；确需经过已有的噪声敏感建筑物集中区域，可能造成环境噪声污染的，建设单位应当采取设置隔声屏、建设生态隔离带以及为受污染建筑物安装隔声门窗等控制环境噪声污染的措施。

第二十七条　在城市市区运输建筑垃圾、建筑材料的车辆，应当按照公安机关交通管理部门规定的时间、路线通行。规定的通行路线应当避开噪声敏感建筑物集中区域。

拖拉机不得在法律、法规以及市、县人民政府明令禁止通行的道路上行驶。对确需经城区过境的农业机械和向城市运送农副产品的拖拉机，公安机关交通管理部门应当指定行驶路线、行驶时间。指定的行驶路线应当避开噪声敏感建筑物集中区域。

第三十条　在城市市区进行建设项目施工的，施工单位应当在工程开工的十五日前向工程所在地环境保护行政主管部门申报该工程的项目名称、施工场所、期限和使用的主要机具、可能产生的环境噪声值以及所采取的环境噪声污染防治措施等情况。

第三十一条　在城市市区噪声敏感建筑物集中区域内，禁止在二十二时至次日六时期间进行产生环境噪声污染的建筑施工作业，但抢修、抢险作业和因生产工艺上要求或者特殊需要必须连续作业的除外。

因浇灌混凝土不宜留施工缝的作业和为保证工程质量需要的冲孔、钻孔桩成型等生产工艺上要求，或者因特殊需要必须连续作业的，施工单位应当在施工日期三日前向工程所在地环境保护行政主管部门提出申请，环境保护行政主管部门应当严格核查，在接到申请之日起三日内作出认定并出具证明。

作业原因、范围、时间以及证明机关，应当公告附近居民。

第三十二条 在中考、高考等特殊期间，环境保护行政主管部门可以对产生环境噪声污染的建筑施工作业时间和区域作出限制性规定，并提前七日向社会公告。

12.《南京市环境噪声污染防治条例》

第二十一条 在进行工程设计和编制工程预算时，应当包括建设项目工程施工期间噪声污染的防治措施和专项费用等内容。

建设单位和施工单位应当根据建设项目工程施工需要安排噪声污染的防治费用，建设单位应当督促施工单位对产生的噪声达标排放。

第二十二条 进行建设项目施工的，施工单位必须在进场施工十五日前向工程所在地环境保护行政主管部门申报工程的项目名称、施工场所、期限和使用的主要机具、可能产生的环境噪声值以及所采取的环境噪声污染防治措施等情况。

第二十三条 在城市噪声敏感建筑物集中区域内，除抢修、抢险作业外，夜间不得进行产生环境噪声污染的施工作业。

因生产工艺要求或者因特殊需要须昼夜连续作业的，施工单位必须报环境保护行政主管部门审批。环境保护行政主管部门应当在收到申请后七日内予以批复。

第二十四条 在中考、高考等特定时期，市环境保护行政主管部门应当规定禁止施工作业的时间和区域。确因特殊原因需要进行施工作业的，施工单位应当向工程所在地环境保护行政主管部门提出申请，由工程所在地环境保护行政主管部门会同有关部门审查同意后，报经市环境保护行政主管部门批准。

第二十五条 产生环境噪声污染的运输渣土、运输建筑材料和进行土方挖掘的车辆，应当在规定的时间内进行施工作业。

未经批准，不得在夜间使用产生严重噪声污染的大型施工机具。

施工现场夜间禁止使用电锯、风镐等高噪声设备。

第二十六条 经批准在夜间、午间或者中考、高考等特定时期进行施工作业的，施工单位必须在施工的两天前将施工作业情况公告附近居民。

第二十七条 单位进行装修活动，施工单位应当采取有效措施，以减轻、避免对周围环境造成噪声污染，午间和夜间不得使用电钻、电锯、电刨等产生严重环境噪声污染的工具进行装修作业。

13.《省政府关于印发江苏省生态空间管控区域规划的通知》(苏政发〔2020〕1号)

1)管控措施

(1)自然保护区

国家级生态保护红线内严禁不符合主体功能定位的各类开发活动。其中,核心区内禁止任何单位和个人进入。缓冲区内只准进入从事科学研究观测活动,严禁开展旅游和生产经营活动。实验区内禁止砍伐、放牧、狩猎、捕捞、采药、开垦、烧荒、开矿、采石、捞沙等活动(法律、行政法规另有规定的从其规定);严禁开设与自然保护区保护方向不一致的参观、旅游项目;不得建设污染环境、破坏资源或者景观的生产设施;建设其他项目,其污染物排放不得超过国家和地方规定的污染物排放标准;已经建成的设施,其污染物排放超过国家和地方规定的排放标准的,应当限期治理;造成损害的,必须采取补救措施。未做总体规划或未进行功能分区的,依照有关核心区、缓冲区管理要求进行管理。

(2)风景名胜区

国家级生态保护红线内严禁不符合主体功能定位的各类开发活动。

生态空间管控区域内禁止开山、采石、开矿、开荒、修坟立碑等破坏景观、植被和地形地貌的活动;禁止修建储存爆炸性、易燃性、放射性、毒害性、腐蚀性物品的设施;禁止在景物或者设施上刻划、涂污;禁止乱扔垃圾;不得建设破坏景观、污染环境、妨碍游览的设施;在珍贵景物周围和重要景点上,除必须的保护设施外,不得增建其他工程设施;风景名胜区内已建的设施,由当地人民政府进行清理,区别情况,分别对待;凡属污染环境,破坏景观和自然风貌,严重妨碍游览活动的,应当限期治理或者逐步迁出;迁出前,不得扩建、新建设施。

(3)森林公园

国家级生态保护红线内严禁不符合主体功能定位的各类开发活动。

生态空间管控区域内禁止毁林开垦和毁林采石、采砂、采土以及其他毁林行为;采伐森林公园的林木,必须遵守有关林业法规、经营方案和技术规程的规定;森林公园的设施和景点建设,必须按照总体规划设计进行;在珍贵景物、重要景点和核心景区,除必要的保护和附属设施外,不得建设宾馆、招待所、疗养院和其他工程设施。

(4)地质遗迹保护区

国家级生态保护红线内严禁不符合主体功能定位的各类开发活动。

生态空间管控区域内除国家另有规定外,禁止下列行为:在保护区内及可能对地质遗迹造成影响的一定范围内进行采石、取土、开矿、放牧、砍伐以及其他对保护对象有损害的活动;未经管理机构批准,在保护区范围内采集标本和化石;在保护区内修建与地质遗迹保护无关的厂房或其他建筑设施。对已建成并可能对地质遗迹造成污染或破坏的设施，应限期治理或停业外迁。

(5)湿地公园

国家级生态保护红线内严禁不符合主体功能定位的各类开发活动。湿地保育区除开展保护、监测、科学研究等必需的保护管理活动外，不得进行任何与湿地生态系统保护和管理无关的其他活动。恢复重建区应当开展培育和恢复湿地的相关活动。

生态空间管控区域内除国家另有规定外，禁止下列行为：开(围)垦、填埋或者排干湿地；截断湿地水源；挖沙、采矿；倾倒有毒有害物质、废弃物、垃圾；从事房地产、度假村、高尔夫球场、风力发电、光伏发电等任何不符合主体功能定位的建设项目和开发活动；破坏野生动物栖息地和迁徙通道、鱼类洄游通道，滥采滥捕野生动植物；引入外来物种；擅自放牧、捕捞、取土、取水、排污、放生；其他破坏湿地及其生态功能的活动。合理利用区应当开展以生态展示、科普教育为主的宣教活动，可以开展不损害湿地生态系统功能的生态旅游等活动。

(6)饮用水水源地保护区

国家级生态保护红线内严禁不符合主体功能定位的各类开发活动。

生态空间管控区域内除国家另有规定外，禁止下列行为：新建、扩建排放含持久性有机污染物和含汞、镉、铅、砷、硫、铬、氰化物等污染物的建设项目；新建、扩建化学制浆造纸、制革、电镀、印制线路板、印染、染料、炼油、炼焦、农药、石棉、水泥、玻璃、冶炼等建设项目；排放省人民政府公布的有机毒物控制名录中确定的污染物；建设高尔夫球场、废物回收(加工)场和有毒有害物品仓库、堆栈，或者设置煤场、灰场、垃圾填埋场；新建、扩建对水体污染严重的其他建设项目，或者从事法律、法规禁止的其他活动；设置排污口；从事危险化学品装卸作业或者煤炭、矿砂、水泥等散货装卸作业；设置水上餐饮、娱乐设施(场所)，从事船舶、机动车等修造、拆解作业，或者在水域内采砂、取土；围垦河道和滩地，从事围网、网箱养殖，或者设置屠宰场；新建、改建、扩建排放污染物的其他建设项目，或者从事法律、法规禁止的其他活动。在饮用水水源地二级保护区内从事旅游等经营活动的，应当采取措施防止污染饮用水水体。

(7)海洋特别保护区(陆地部分)

除国家另有规定外，禁止下列行为：狩猎、采拾鸟卵；砍伐红树林、采挖珊瑚和破坏珊瑚礁；炸鱼、毒鱼、电鱼；直接向海域排放污染物；擅自采集、加工、销售野生动植物及矿物质制品；移动、污损和破坏海洋特别保护区设施。

(8)洪水调蓄区

禁止建设妨碍行洪的建筑物、构筑物，倾倒垃圾、渣土，从事影响河势稳定、危害河岸堤防安全和其他妨碍河道行洪的活动；禁止在行洪河道内种植阻碍行洪的林木和高秆作物;在船舶航行可能危及堤岸安全的河段,应当限定航速。

(9)重要水源涵养区

禁止在二十五度以上陡坡地开垦种植农作物,已经开垦种植农作物的,应当按照国家有关规定退耕,植树种草;禁止毁林、毁草开垦;禁止铲草皮、挖树兜;禁止倾倒砂、石、土、矸石、尾矿、废渣。

(10)重要渔业水域

国家级生态保护红线内严禁不符合主体功能定位的各类开发活动。

生态空间管控区域内禁止使用严重杀伤渔业资源的渔具和捕捞方法捕捞;禁止在行洪、排涝、送水河道和渠道内设置影响行水的渔罾、鱼簖等捕鱼设施;禁止在航道内设置碍航渔具;因水工建设、疏航、勘探、兴建锚地、爆破、排污、倾废等行为对渔业资源造成损失的,应当予以赔偿;对渔业生态环境造成损害的,应当采取补救措施,并依法予以补偿,对依法从事渔业生产的单位或者个人造成损失的,应当承担赔偿责任。

(11)重要湿地

国家级生态保护红线内严禁不符合主体功能定位的各类开发活动。

生态空间管控区域内除法律法规有特别规定外,禁止从事下列活动:开(围)垦、填埋湿地;挖砂、取土、开矿、挖塘、烧荒;引进外来物种或者放生动物;破坏野生动物栖息地以及鱼类洄游通道;猎捕野生动物、捡拾鸟卵或者采集野生植物,采用灭绝性方式捕捞鱼类或者其他水生生物;取用或者截断湿地水源;倾倒、堆放固体废弃物、排放未经处理达标的污水以及其他有毒有害物质;其他破坏湿地及其生态功能的行为。

(12)清水通道维护区

严格执行《南水北调工程供用水管理条例》《江苏省河道管理条例》《江苏省太湖水污染防治条例》和《江苏省通榆河水污染防治条例》等有关规定。

(13)生态公益林

禁止从事下列活动:砍柴、采脂和狩猎;挖砂、取土和开山采石;野外用火;修建坟墓;排放污染物和堆放固体废物;其他破坏生态公益林资源的行为。

(14)特殊物种保护区

禁止新建、扩建对土壤、水体造成污染的项目;严格控制外界污染物和污染水源的流入;开发建设活动不得对种质资源造成损害;严格控制外来物种的引入。

2)保障措施

列入省委、省政府的重大产业项目、国家和省计划的重大交通线性基础设施,如涉及生态空间管控区域,要通过调整选址、选线,实现对生态空间管控区域的避让;确实无法避让的项目,要在所涉生态空间管控区域类型的管理部门指导下实施无害化穿(跨)越,并在建设项目环境影响评价报告书中设专章进行科学论证;确需优化调整生态空间管控区域的项目,在环评批复中设置专章,对相关生态空间管控区域进行充分调查,开展不可避免性论证或编制调整论证报告,由实施重大项目的地方人民政府向省政府提出申请,经征求相关主管部门意见后,由省政府批准。

14.《省政府关于印发江苏省国家级生态保护红线规划的通知》(苏政发〔2018〕74号)

确立优先地位。生态保护红线原则上按禁止开发区域的要求进行管理,严禁不符合主体功能定位的各类开发活动,严禁任意改变用途。

15.《江苏省风景名胜区管理条例》

第十三条　在风景名胜区和保护地带内的建设项目,都应按国家规定的基本建设程序办理;建设项目的规划选址和初步设计,应征得风景名胜区主管部门同意。

第十四条　在风景名胜区内的建设项目(包括扩建、翻建各种建筑物),其布局、高度、体量、造型、色彩等都应与周围景观和环境相协调。

第十六条　风景名胜区道路、输变电线路、通讯、供水、排水、供气等主要基础设施建设,应列入各有关部门的建设计划。

第二十条　在风景名胜区和保护地带内,不得建设破坏景观、污染环境、妨碍游览的设施。

第二十一条　风景名胜区的山石、地貌和水土资源必须严加保护。严禁开山采石、挖砂取土、毁林开荒、围湖造田、建墓立碑等破坏风景资源和景观环境的活动。

第二十二条　切实保护风景名胜区的林木、动植物,保护自然生态,严禁捕杀各类野生动物。未经县级以上建设行政主管部门和林业部门批准,不得擅自砍伐林木。

第二十四条　风景名胜区必须加强防火安全管理。严禁在山林中燃放鞭炮、烟火等有碍安全的活动。

16.《江苏省湿地保护条例》

第二十条　禁止任何单位和个人破坏或者擅自改变湿地保护界标。

第二十九条　除法律、法规有特别规定外,禁止在重要湿地内从事下列行为:

(一)开(围)垦、填埋湿地;

(二)挖砂、取土、开矿、挖塘、烧荒;

(三)引进外来物种或者放生动物;

(四)破坏野生动物栖息地以及鱼类洄游通道;

(五)猎捕野生动物、捡拾鸟卵或者采集野生植物,采用灭绝性方式捕捞鱼类或者其他水生生物;

(六)取用或者截断湿地水源;

(七)倾倒、堆放固体废弃物、排放未经处理达标的污水以及其他有毒有害物质;

(八)其他破坏湿地及其生态功能的行为。

第三十二条 纳入湿地生态红线范围的湿地,禁止占用、征收或者改变用途。

因交通、能源、通讯、水利等国家和省重点建设项目确需占用、征收湿地生态红线范围以外的湿地或者改变用途的,用地单位应当依法办理相关手续,并提交湿地保护与恢复方案。

经批准占用、征收湿地的,用地单位应当按照湿地保护与恢复方案恢复或者重建湿地。

第三十三条 因依法批准的建设项目施工确需临时占用湿地的,用地单位应当依法办理相关手续,并提交湿地临时占用方案,明确湿地占用范围、期限、用途、相应的保护措施以及使用期满后的恢复方案等。

临时占用湿地的期限不超过两年。临时占用湿地期限届满后,用地单位应当按照湿地恢复方案及时恢复湿地。

17.《江苏省城市绿化管理条例》

第十八条 任何单位和个人都不得擅自占用城市绿化用地,占用的城市绿化用地,应当限期归还。

因城市规划调整需要变更城市绿地的,必须征求城市人民政府建设(园林)行政主管部门的意见,并补偿重建绿地的土地和费用。

因建设或者其他特殊原因需要临时占用城市绿化用地的,必须经城市人民政府建设(园林)行政主管部门同意,并按照有关规定办理临时用地手续,在规定期限内恢复原状。

第二十一条 城市中百年以上树龄的树木,稀有、珍贵树木,具有历史价值或者重要纪念意义的树木,均属古树名木,由城市人民政府建设(园林)行政主管部门统一管理和组织养护。

严禁任何单位和个人砍伐或者迁移古树名木,因特殊需要迁移的,必须由所在地的县级人民政府提出申请,经设区的市人民政府建设(园林)行政主管部门审查同意,报同级人民政府批准,并按规定报上级人民政府建设(园林)行政主管部门备案。

18.《南京市城市绿化条例》

第十二条 建设工程项目附属绿化工程,应当与主体工程同时规划、同时设计,其设计方案应当与主体工程设计方案同时报批。

第二十五条 禁止下列损害城市绿化行为:

(一)在树木上刻划、钉钉,缠绕绳索,架设电线电缆或者照明设施;

(二)擅自采摘花果、采收种条、采挖中草药或者种苗；

(三)损毁草坪、花坛或者绿篱；

(四)挖掘、损毁花木；

(五)擅自在绿地内取土，搭建建(构)筑物，围圈树木，设置广告牌；

(六)在距离树干一点五米范围内埋设影响树木生长的排水、供水、供气、电缆等各种管线或者挖掘坑道；

(七)在花坛、绿地内堆放杂物，倾倒垃圾或者其他影响植物生长的有毒有害物质；

(八)损坏绿化设施；

(九)损坏城市绿地的地形、地貌；

(十)其他损害城市绿化的行为。

第二十六条　因城市建设需要临时占用绿地的，建设单位应当征求所有权人意见，并经绿化行政主管部门批准，按照有关规定办理临时用地手续；临时占用城市绿地需要移植树木的，应当一并申请。

申请临时占用城市绿地，应当提交下列材料：

(一)申请书、拟恢复的效果图及承诺书；

(二)占用绿地的位置、面积、附着物等现实情况；

(三)项目立项以及用地、规划等证明文件；

(四)绿地所有权人书面意见或者双方签订的协议书；

(五)法律、法规规定应当提交的其他资料。

第二十七条　临时占用城市绿地期限一般不超过一年，确因建设需要延长的，应当办理延期手续，延期最长不超过一年。临时占用城市绿地不得超出批准的面积范围。

经批准临时占用绿地的，建设单位应当对绿地所有权人进行补偿，并在临时占用期满之日起十日内开展绿地恢复工作。

第二十八条　因城市基础设施建设占用绿地的，建设单位应当按照先补后占、占补平衡的原则，在所占绿地周边地区补建同等面积的绿地；不具备补建条件的，应当缴纳所在区域当年基准地价同等面积的费用和恢复绿地实际所需费用。

第二十九条　市区已建成的面积在一万平方米以上的绿地，由市人民政府确认为永久性绿地，报市人民代表大会常务委员会备案，并向社会公布。永久性绿地不得占用或者改变其用途。

19.《南京市永久性绿地管理规定》

第十三条　永久性绿地不得占用和改变其用途，永久性绿地内禁止下列行为：

(一)倾倒废弃物、焚烧垃圾；

(二)损坏绿化设施；

（三）擅自砍伐、移植、大修剪树木；

（四）取土、取水、排放污水；

（五）其他毁坏永久性绿地的行为。

第十五条 永久性绿地内进行的架（铺）设市政、电力、通信、消防等基础设施建设，应当制定保护方案，依法办理相关手续。

20.《江苏省文物保护条例》

第十二条 在文物保护单位的建设控制地带内进行建设工程，建设工程项目应当与文物保护单位的周边环境、历史风貌相协调，不得破坏文物保护单位的历史风貌；工程设计方案应当根据文物保护单位的级别，经相应的文物行政部门同意后，报规划行政部门批准。

第十四条 建设工程选址，应当尽可能避开不可移动文物；对文物保护单位应当尽可能实施原址保护。

文物保护单位因特殊情况确实无法实施原址保护，需要迁移异地保护的，应当报省人民政府批准。迁移省级文物保护单位的，批准前须征得国务院文物行政部门同意。迁移全国重点文物保护单位，须由省人民政府报国务院批准。尚未核定公布为文物保护单位的不可移动文物，需要迁移异地保护的，应当事先征得文物行政部门的同意；需要拆除的，应当事先征得省文物行政部门同意。

对需要迁移异地保护的不可移动文物，建设单位应当事先制定科学的迁移保护方案，落实移建地址和经费，做好测绘、文字记录和摄像等资料工作。移建工程应当与不可移动文物迁移同步进行，并由文物行政部门组织专家进行验收。

第二十条 在地下文物埋藏区内进行工程建设，建设单位在取得建设项目选址意见书后，应当向省文物行政部门或者其委托的设区的市文物行政部门申请考古调查、勘探。

考古调查、勘探结束，从事考古发掘的单位应当在三十日内出具考古调查、勘探报告。

第二十一条 任何单位和个人在建设工程或者生产活动中，发现地下文物，应当立即停止施工，并及时向文物行政部门报告。文物行政部门提出需要进行考古发掘意见的，在考古发掘结束前，不得擅自在考古发掘区域内继续施工或者进行生产活动。施工单位或者生产单位应当指定专人保护现场，建设单位应当予以支持配合。当地公安机关应当协助做好现场的安全保卫工作。

在地下文物发现现场，任何单位和个人不得阻挠文物行政部门和考古发掘单位的工作人员进行调查和考古发掘。

第二十三条 因进行基本建设和生产建设需要进行考古调查、勘探、发掘的，所需经费应当列入建设工程预算，并由建设单位支付。具体办法按照国家有关规定执行。

第二十四条　考古调查、勘探、发掘工作结束后，考古发掘单位应当在三十日内，将结项报告和出土文物清单，上报批准考古勘探、发掘的文物行政部门。进行考古发掘的，应当在三年内完成考古发掘报告。

考古发掘中的重要发现，未经省文物行政部门同意，不得向外公布。

21.《江苏省历史文化名城名镇保护条例》

第七条　任何单位和个人都有依法保护历史文化名城、名镇和历史文化保护区的义务，并有权检举、控告和制止破坏、损害历史文化名城、名镇和历史文化保护区的行为。

第二十四条　历史文化名城、名镇和历史文化保护区范围内的建设项目，设计单位应当按照城乡规划主管部门根据保护规划提出的规划设计要求进行设计。

建设单位应当按照城乡规划主管部门核发的建设工程规划许可证的规定进行建设。

施工单位在施工过程中应当保护文物古迹及其周围的古树名木、水体、地貌，不得造成污染和破坏；发现地上、地下文物时，应当立即停止施工，保护现场，并及时向文物行政主管部门报告。

在历史文化名城、名镇的重点保护区内安排建设项目时，有关部门应当事先征得文物行政主管部门的同意。

第二十五条　旧城改造和新区建设不得影响历史文化名城、名镇和历史文化保护区的传统风貌和格局，不得破坏历史街区的完整。

第二十六条　保护规划确定保护的建筑物、构筑物及其他设施不得擅自迁移或者拆除。因建设工程特别需要而必须对历史文化街区、历史文化名镇保护范围内的文物保护单位、历史建筑进行迁移、拆除的，应当依照《中华人民共和国文物保护法》、国务院《历史文化名城名镇名村保护条例》的规定报批；确需拆除历史文化街区、历史文化名镇保护范围内文物保护单位、历史建筑以外的建筑物、构筑物及其他设施的，应当经城市、县人民政府城乡规划主管部门会同同级文物行政主管部门批准。

对保护规划确定保护的建筑物、构筑物及其他设施进行维修的，应当保持其原状风貌，不得任意改建、扩建。

第二十七条　在历史文化名城、名镇和历史文化保护区内，建设项目的性质、布局、高度、体量、建筑风格、色调等，应当服从保护规划确定的保护要求，并与周围环境、风貌相协调。

第二十八条　文物保护单位的保护范围内不得进行其他工程建设或者爆破、钻探、挖掘等作业，如有特殊需要，应当保证文物保护单位的安全并经原公布的人民政府批准，公布该文物保护单位的人民政府在批准前应当征得上一级人民政府文物行政主管部门同意。在全国重点文物保护单位的保护范围内进行工程建设或者爆破、钻探、挖掘等作业的，应当经省、自治区、直辖市人民政府批准，省、自治区、直辖市人民政府在批准前应当征得国务院文物行政主管部门同意。

在文物保护单位周围的建设控制地带内的建设工程，不得破坏文物保护单位的历史风貌，不得进行可能影响文物保护单位安全及其环境的活动。建设工程设计方案应当根据文物保护单位的级别征得相应文物行政主管部门同意后，报城乡规划主管部门批准。

历史文化名城、名镇和历史文化保护区范围内的建设工程，应当避开地下文物古迹。

第三十五条　在历史文化名城、名镇的重点保护区范围内，禁止下列行为：

（一）修建损害传统风貌的建筑物、构筑物和其他设施；

（二）损毁保护规划确定保护的建筑物、构筑物及其他设施；

（三）进行危及文物古迹安全的建设以及改变文物古迹周围地形地貌的爆破、挖沙、取土等活动；

（四）占用或者破坏保护规划确定保护的道路街巷、园林绿地、河湖水系；

（五）对保护规划确定保护的建筑物、构筑物进行改变原风貌的维修或者装饰；

（六）设置破坏或者影响风貌的广告、标牌、招贴、小品；

（七）法律、法规禁止的其他行为。

22.《南京市文物保护条例》

第十条　在文物保护单位的保护范围内，禁止存放易燃易爆物品，禁止取土、开砂、采石和其他有碍观瞻、破坏环境风貌的活动。不得建设新的工程，因特殊需要，必须经原公布的人民政府和上级文物行政主管部门批准。

在文物保护单位的建设控制地带内禁止开山和开采矿产资源。新建、改建建筑物和其他设施，其风格、高度、体量、色调均须与文物保护单位的建筑物相协调。其设计方案经市文物行政主管部门同意后由市规划部门审核批准。

在对文物保护单位安全有影响的地域，禁止爆破。因特殊需要，必须在文物保护单位邻近地域爆破时，建设单位应向市公安部门递交确保文物安全的有效技术措施方案，征得市文物行政主管部门同意后，方可发放许可证。

第十一条　在城市建设工程的选址勘测、规划阶段，涉及文物保护单位的，应将保护措施列入设计任务书。

因生产、建设之特殊需要，必须迁移或拆除原文物建筑时，必须经原公布的人民政府和上级文物行政主管部门批准。

第十七条　需要在古墓葬群、古文化遗址的建设控制地带进行建设时，建设单位在工程立项前，须报市文物行政主管部门按国家有关规定审批。必要时由市博物馆在预定的工程范围内进行文物调查和考古发掘。

第十八条　在生产和建设活动中发现古墓葬或其他地下文物，施工单位应立即停工，指派专人保护现场，并报告市博物馆。

23.《南京市历史文化名城保护条例》

第七条　任何单位和个人都有保护历史文化名城的义务，有权对破坏历史文化名城的行为进行劝阻、举报和控告。

第十四条　在保护范围内进行建设活动，应当符合保护规划的要求，不得有下列行为：

（一）损坏、擅自拆除具有保护价值的建筑物、构筑物；

（二）破坏自然环境、传统风貌、建筑格局、街巷格局、空间尺度；

（三）超出建筑高度、体量等控制指标，或者不符合建筑风格、外观形象和色彩等要求；

（四）损害历史文化遗产的真实性和完整性；

（五）其他违反保护规划的行为。

第十六条　保护范围内新建、改建、扩建建筑物、构筑物以及各类基础设施的，其退让、间距、日照、节能、抗震以及道路路幅宽度等，应当符合现行规范标准。因现有条件限制，无法达到现行规范标准的，应当按照保护要求，确定建设工程设计方案，经批准后执行。

第三十八条　历史文化街区的核心保护范围内不得从事新建、扩建活动，但是新建、扩建必要的基础设施和公共服务设施除外。新建、扩建必要的基础设施和公共服务设施，应当符合保护规划确定的建设控制要求。

24.《南京市地下文物保护条例》

第七条　建设项目用地有下列情形之一的，应当进行考古调查、勘探：

（一）在地下文物埋藏区内和地下文物重点保护区内；

（二）在老城范围内；

（三）在老城范围外、主城范围内总用地面积三万平方米以上；

（四）在主城范围外总用地面积五万平方米以上；

（五）法律、法规规定的其他情形。

老城、主城的具体范围，根据《南京市历史文化名城保护规划》确定。

第八条　符合本条例第七条第一款规定的河道、堤防、水库、铁路、轨道交通、道路等重要基础设施的建设项目用地，经相关文物行政主管部门同意，可以先进行考古调查，再确定可能埋藏地下文物的具体勘探范围。

第九条　对符合本条例第七条第一款规定的既有地下管线、道路、广场、绿地等建设工程进行改造，经相关文物行政主管部门确认施工不超过原有区域和深度的，可以不进行考古勘探。

不进行考古勘探的，施工单位应当制定地下文物保护预案。

第十条　本条例第七条第一款规定的建设项目用地，以出让方式供应的，承担土地储备任务的单位(以下简称土储单位)应当在土地出让前依法向文物行政主管部门申请考古调查、勘探；以划拨方式供应土地或者利用自有土地进行建设的，建设单位应当在办理立项用地规划许可手续后，依法向文物行政主管部门申请考古调查、勘探。

确需在古文化遗址、古墓葬、陵墓石刻等文物保护单位保护范围和建设控制地带内进行工程建设的，建设单位应当依法申请开展考古调查、勘探工作。

第十一条　本条例第七条第一款规定之外的建设项目用地，鼓励建设单位在施工前依法向文物行政主管部门申请考古调查、勘探。

前款规定的建设项目用地未申请考古调查、勘探的，建设单位应当在施工前制定地下文物保护预案。

第十三条　建设项目用地涉及河道、堤防、水库、铁路、轨道交通、道路等重要基础设施的，应当经相关行政主管部门批准或者征求相关行政主管部门意见，并提前做好安全防护措施。

第十七条　开展考古调查、勘探、发掘工作，应当由具备相应资质的考古发掘单位按照国家、省、市有关规定及时进行，并接受文物行政主管部门的监督检查。

第十八条　经考古调查、勘探发现地下文物埋藏，需要开展考古发掘的建设项目用地，依法由相关文物行政主管部门组织考古发掘单位开展发掘工作，同时告知国土资源、公安等相关行政主管部门。

考古发掘单位应当根据地下文物埋藏特点，制定发掘方案，报请相关文物行政主管部门同意后，及时开展考古发掘工作。

第十九条　除雨雪、冰冻等特殊情况外，考古发掘单位自进场之日起，用地面积在五万平方米以内的，应当在三十日内完成考古调查、勘探工作；用地面积超过五万平方米、不超过十五万平方米的，应当在六十日内完成考古调查、勘探工作；用地面积超过十五万平方米的，按照国家有关规定相应延长调查、勘探期限。

考古调查工作结束后十个工作日内，考古发掘单位应当将文物调查工作报告提交批准考古调查的文物行政主管部门。考古勘探工作结束后十五个工作日内，考古发掘单位应当将考古勘探工作报告提交批准考古勘探的文物行政主管部门。

第二十一条　开展考古调查、勘探、发掘的建设项目用地，考古发掘单位进场前和考古调查、勘探、发掘工作结束后，采取文物保护措施前，由建设单位负责保护区域内地下文物安全。

考古发掘单位进场后至考古调查、勘探、发掘工作结束前，建设单位应当配合考古发掘单位做好安全防护措施。

第二十二条　任何单位和个人在建设工程或者生产活动中发现地下文物的，应当立即停止施工，采取有效措施保护现场，并及时向所在地文物行政主管部门报告。

文物行政主管部门接到报告后，应当在二十四小时内赶到现场，并在七日内提出处理意见。文物行政主管部门提出需要进行考古发掘的，在考古发掘结束前，不得擅自在考古发掘区域内继续施工或者进行生产活动。施工单位或者生产单位应当指定专人保护现场，建设单位应当予以支持配合。所在地公安机关应当协助做好现场的安全保卫工作。

任何单位和个人不得阻挠文物行政主管部门和考古发掘单位进行考古调查、勘探和发掘。

第二十三条　发现地下不可移动文物，需要实施原址保护的，建设单位或者土储单位应当委托具有相关文物保护工程勘察设计资质的单位编制原址保护方案，并经相关文物行政主管部门同意后实施。原址保护的地下不可移动文物适合展示的，可以采取博物馆、遗址公园等形式展示；暂时不适合对外展示的，可以采取原址填埋、地面绿化或者标志标识设置等形式予以保护。

地下不可移动文物因特殊情况无法实施原址保护，需要迁移异地保护的，应当事先征得相关文物行政主管部门同意。建设单位或者土储单位应当委托具有相关文物保护工程勘察设计资质的单位编制迁移保护方案，并经市文物行政主管部门同意后实施。地下不可移动文物迁移异地保护的，应当按照就近原则，选取便于开放展示的公共空间作为新址，并在原址设置永久碑记。

第二十五条　考古发掘单位应当在考古发掘工作结束后七个工作日内，向相关文物行政主管部门提请验收。考古发掘单位应当在通过验收后十五个工作日内，向组织验收的文物行政主管部门提交考古发掘工作报告。文物行政主管部门在收到考古发掘工作报告后五个工作日内，出具考古发掘意见书。

4.2.4　经批准的环境影响评价文件及批复文件要求

经批准的环境影响评价文件及批复文件是建设单位开展环保工作的重要依据。项目建设必须严格执行配套的环保措施，执行“三同时”制度。

4.2.5　各相关方的环境保护责任

1. 环评阶段

(1)建设单位

按照《建设项目环境影响评价分类管理名录》，轨道交通工程均需编制环境影响报告书。建设单位需要委托环境影响评价信用平台中无不良信用记录的编制单位组织编写环境影响评价报告，报生态环境部门审批。

建设单位要严格执行环境保护法律法规相关规定，自觉履行环境保护义务，承担环境保护主体责任，确保环评报告中的内容合法、真实、准确、有效；环评报告中提出的措施可行。认真履行《环境影响评价公众参与办法》中的要求，做好公众参与工作；涉及自然保护区、风景名胜区、国家级生态红线、生态空间管控区等法定生态环境保护目标时，需办理相应的法定行政许可手续。

(2)环评单位

环评单位应当根据相关技术规范，依法依规开展环境影响评价工作，提出切实可行的环保对策和措施建议，对环评文件的质量和真实性负责。在编制环评报告的过程中与建设单位建立充分的沟通机制，提出的环保措施及建议需取得建设单位确认，保持独立、专业、客观、公正。

(3)设计单位

配合环评单位开展环境影响评价工作，根据环评单位提出的方案优化建议，及时优化设计方案。

2. 设计阶段

(1)建设单位

组织设计单位严格落实环境影响评价文件及批复中的环保措施，组织专家审核初步设计文件，确保其符合环境保护设计规范的要求，并已落实防治环境污染和生态破坏的措施以及环境保护设施投资概算。

(2)设计单位

严格落实环评报告及环评批复提出的环保措施，与主体工程同时设计；按照相应的设计规范编制环境保护篇章，落实环保措施及环保投资。选择合理清洁的施工工艺，设计中要充分考虑生态环境保护的要求，选址优先避让生态空间管控区，尽量不占基本农田和经济林，确保最终所定的路线方案具有较好的环境可行性。

3. 施工准备阶段

(1)建设单位

将环评报告及环评批复提出的保护设施建设纳入施工合同，保证环境保护设施建设进度和资金。

①扬尘管控：建设单位应将防治扬尘污染的费用列入工程造价，并在施工承包合同中明确施工单位扬尘污染防治责任。暂时不能开工的施工工地，建设单位应当对裸露地面进行覆盖；超过三个月的，应当进行绿化、铺装或者遮盖。

②污水管控：在进行施工招标时，将施工期对水环境管理和污染防治的要求写入招标文件及合同文件，选择符合要求的有资质的施工单位，并要求施工单位设立环境管理机构，建立环境责任体系。

③噪声管控：建立环境保护责任制度，明确单位负责人和相关人员的责任。

④生态影响管控：在施工承包合同中明确施工单位的生态环境保护责任，并与施工单位签订环保责任协议书，落实各方的环保责任。建设单位需设立相应的环保职能部门，一是对施工单位、环境监理单位等承包商的生态环境管理工作进行指导、监督和检查；二是主动与生态环境行政部门配合，及时汇报施工过程中各种环境问题，并接受其监督和指导。

⑤文物保护：在考古发掘单位进场前和考古调查、勘探、发掘工作结束后，采取文物保护措施前，由建设单位负责保护区域内地下文物安全；考古发掘单位进场后至考古调查、勘探、发掘工作结束前，建设单位应当配合考古发掘单位做好安全防护措施。

(2)施工单位

①扬尘管控：制定具体的施工扬尘污染防治方案，并向扬尘监督管理主管部门备案；并在施工工地公示扬尘防治措施及负责人等信息。

②污水管控：建立环境管理体系，制定并落实水环境保护计划和水污染防治方案。对项目参与人员进行水环境保护的教育和培训，提高环境保护意识和工作能力。

③噪声管控：必须在工程开工十五日以前向工程所在地县级以上地方人民政府生态环境主管部门完成施工申报手续。因特殊需要必须在夜间连续作业的，必须在施工日期三日前向工程所在地环境保护行政主管部门提出申请。夜间作业原因、范围、时间以及证明机关，应当公告附近居民。

④生态影响管控：制定具体的施工期生态环境保护方案；树立生态环保宣传牌，并在施工工地公示生态保护措施及负责人等信息；加强对施工人员的生态保护宣传教育及培训；发放生物多样性保护的宣传册等。

⑤文物保护：在考古发掘结束前，不得擅自在考古发掘区域内继续施工或者进行生产活动，施工单位应当指定专人保护现场。

(3)考古单位

①考古发掘单位应当根据地下文物埋藏特点，制定发掘方案，报请相关文物行政主管部门同意后，及时开展考古发掘工作。

②除雨雪、冰冻等特殊情况外，考古发掘单位自进场之日起，用地面积在 5 万 m^2 以内的，应当在三十日内完成考古调查、勘探工作；用地面积超过 5 万 m^2、不超过 15 万 m^2 的，应当在六十日内完成考古调查、勘探工作；用地面积超过 15 万 m^2 的，按照国家有关规定相应延长调查、勘探期限。

③考古调查、勘探结束，从事考古发掘的单位应当在三十日内出具考古调查、勘探报告。

④考古调查、勘探、发掘工作结束后，考古发掘单位应当在三十日内，将结项报告和出土文物清单，上报批准考古勘探、发掘的文物行政部门。进行考古发掘的，

应当在三年内完成考古发掘报告。

⑤考古调查工作结束后十个工作日内，考古发掘单位应当将文物调查工作报告提交批准考古调查的文物行政主管部门。考古勘探工作结束后十五个工作日内，考古发掘单位应当将考古勘探工作报告提交批准考古勘探的文物行政主管部门。

⑥考古发掘单位应当在考古发掘工作结束后七个工作日内，向相关文物行政主管部门提请验收。考古发掘单位应当在通过验收后十五个工作日内，向组织验收的文物行政主管部门提交考古发掘工作报告。文物行政主管部门在收到考古发掘工作报告后五个工作日内，出具考古发掘意见书。

4. 施工阶段

1)扬尘管控

(1)建设单位

落实批准的环境影响评价及批复文件中关于扬尘管控的相关要求；施工过程中若出现环保投诉问题，及时整改；并加强信息公开。

在施工过程中，要加强施工现场管理，加大环境保护的力度。严格要求施工单位文明施工，及时协调解决施工现场出现的各种环境问题。牵头施工现场及外部相关各方积极协作为施工单位创造统一、协调、干净、卫生的场地。对施工现场出入口进行硬化、设置排水沟和车辆冲洗装置、加强施工现场广告围挡、土石方等物料运输管理监督和督促施工单位对扬尘治理措施的落实。

(2)施工单位

施工单位将环境管理纳入其日常管理工作中，防止环境污染和生态破坏。施工单位在施工过程中应严格遵守国家和地方有关环境保护的法律法规，增强环境保护意识，做好施工期的环境保护工作。

工地四周设置硬质围挡、进行覆盖、洒水抑尘、冲洗地面、地面硬化等；建筑垃圾、工程弃渣及时清运和资源化处理；场内堆存采用密闭式防尘网遮盖。市区禁止设置施工现场混凝土搅拌站。渣土运输车辆应采取密闭措施，并逐步安装卫星定位系统。推行道路机械化清扫等低尘作业方式。土方、拆除、洗刨工程作业时，应当采取洒水压尘措施，缩短起尘操作时间；气象预报风速达到5级以上时，未采取防尘措施的，不得进行土方回填、转运以及其他可能产生扬尘污染的施工作业。

(3)环保咨询单位

环保咨询单位在整个工程施工过程中起监督管理作用，是代表建设单位在现场监管施工单位的职责，在现场监督施工工艺和环保措施的落实等。施工单位在现场发生严重的环保措施缺失隐患时，应当通知施工单位及时整改，并报告给建设单位，确保扬尘治理得到落实。

2)污水管控

(1)建设单位

①加强对施工单位和环境监理单位管理

在施工过程中,建设单位对施工单位和环保咨询单位的水环境管理工作进行指导和认真的监督、检查。在施工承包合同中要求施工单位从工程准备阶段至竣工验收阶段的全过程中进行全过程的水环境管理。在环境监理服务合同中,要明确提出监理在施工全过程中的环境管理义务及工作范围。为了保证施工单位在施工过程中对环境保护的充分重视,建设单位应在施工承包合同中增加有关水环境保护的条款,明确施工单位保护水环境的责任和义务,促使施工单位提高环境保护意识,加强施工环境管理工作。另外,施工单位环境管理专业人员可能知识不够,现场经验不足,可定期组织承包商相关人员参加环保知识培训。

②加强与政府生态环境部门等沟通

轨道交通项目施工前,建设单位应及时将环境影响评价文件和水保文件上报政府生态环境部门和水务部门,待审批后方可施工。施工出现环境问题时应及时与政府生态环境做好沟通,与相关各方协商解决问题。

轨道交通项目属于大型市政工程,因此在施工拆迁阶段,应与相关市政部门加强沟通,了解清楚沿线各种地下管线的布置,妥善处理,确保施工期间沿线居民的正常用水用电和生活。另外当施工需要占用城市道路甚至主干道时,建设单位提前应与有关交通部门做好沟通,并且提醒市民因施工而造成道路封闭的时间以及相关解决办法。

③建立环境补偿机制

在项目施工期间,建设单位要严格按照有关法律的规定,对水环境污染及破坏进行补偿。如果是建设单位造成的环境问题,则由建设单位给予补偿;如果是施工单位造成的环境问题,则由施工单位给予补偿。

(2)施工单位

①建立 ISO 14000 环境管理体系和实行清洁生产

施工单位应根据《环境管理体系规范及使用指南》(GB/T 24001—2016)和企业的环境管理方针,建立环境管理体系。该环境管理体系应该是企业整个管理体系的有机组成部分,不应该成为孤立的管理系统。根据 ISO 14000 的要求,承包人应制定项目环境管理的目标,进行环境因素的识别,制定环境管理方案,明确环境管理的组织机构和职责,进行培训,并在运行过程中,进行检查,做到持续改进。

②制定和落实水环境保护方案

项目部应根据国家和地方水环境保护法律法规、批准的项目环境影响评价文件,编制用于指导项目实施过程的项目水环境保护方案,项目环境水保护方案应按规定程序经批准后实施，其主要内容应包括：

A. 项目水环境保护的目标及主要指标。

B. 项目水环境保护的实施方案。

C. 项目环境保护所需的人力、物力、财力和技术等资源的专项计划。

D. 项目水环境保护所需的技术研发、技术攻关等工作。

E. 落实防治水环境污染和生态破坏的措施，以及水环境保护设施的投资估算。

项目部应对项目施工期环境保护方案的实施进行管理，主要内容包括：

A. 明确各岗位的水环境保护职责和权限。

B. 落实项目水环境保护方案必需的各种资源。

C. 对项目参与人员进行水环境保护的教育和培训，提高环境保护意识和工作能力。

D. 对与环境因素和环境管理体系的有关信息进行管理，保证内部与外部信息沟通的有效性，保证随时识别到潜在的影响水环境的因素或紧急情况，并预防或减少可能伴随的环境影响。

E. 负责落实环保部门对施工阶段的水环境保护要求，以及施工过程中的水环境措施，对现场施工环境进行有效控制，防止职业危害，建立良好的作业环境。

F. 施工阶段的环境保护应按《建设工程项目管理规范》(GB/T 50326—2017)执行。项目配套建设的水环境保护设施必须与主体工程同时施工，同时投入试运行。项目部应对水环境保护设施运行情况和项目对环境的影响进行检查或监测。

项目部还应制定并执行项目环境巡视检查和定期检查的制度，记录并保存检查的结果。项目部应建立并保持对环境管理不符合状况的处理和调查程序，明确有关职责和权限，实施纠正和预防措施，减少水环境影响并防止问题的再次发生。

(3)环保咨询单位

环保咨询单位作为独立于建设单位和施工单位的第三方，在施工阶段，其主要包括以下工作内容：

①施工准备阶段检查设计文件及施工方案是否满足水环境保护要求。进行现场勘察，了解项目情况，编制水环境监理工作方案，并上报建设单位和环保主管部门备案，编制水环境监理工作实施计划。

②施工过程中环保法规、环境影响评价文件及其批复文件中规定的各项污染控制及生态修复措施的落实。对施工废水的污染控制情况积极与建设单位和各施工单位沟通，对工程施工中出现的水环境问题及时提出整改意见，采取相应措施将问题控制在源头，并提出合理化建议。

③对施工单位的施工区和生活营地进行日常巡查，编写环境监理日志。环境监理单位应对存在重大问题的施工区或生活营地进行重点跟踪检查，记录检查结

果。对巡查中发现的水环境问题,当场口头通知或随后下发环境问题通知,要求施工单位限期整改。如有重大水环境问题要求施工单位限期解决。督促、指导施工单位编写环境月报,并审阅施工单位环境月报,每月向建设单位提交《环境监理月报》。协助建设单位处理施工沿线居民对施工的投诉问题。

④对于重大水环境问题、突发性事件,环境咨询单位随时向建设单位及相关政府部门通报事件的发生和处理结果。

⑤施工验收阶段要按规定监督和检查施工场地恢复。监督重点是占用的城市地面道路和绿地等,要保证恢复后能够满足相关方面的要求和正常使用。

3)固体废物

(1)建设单位

建设单位对城市轨道交通工程竣工环境保护验收负总责,其对于固体废物处置的责任如下

①建设单位必须建立健全的环境保护责任制和管理制度,应包含固废专题,设置环保管理机构,配备与建设规模相适应的环保管理人员,对勘察、设计、施工、监理、监测等单位进行质量及环保履约管理。

②建设单位应当委托具有相应资质的环境监理单位对工程的设计和施工进行监理。

③建设单位应当对本项目签订合同的各参建单位固体废物产生、运输、储存、处置情况进行监督和管理,确保不造成固体废物污染,确保固体废物均能得到合理处置。

④建设单位应确保各参建单位均落实环评报告及其批复中提出的关于固体废物的环保措施要求。

⑤建设单位可对各参建单位固体废物管理和处置情况进行考核。

⑥建设单位应当组织开展建设项目的竣工环保验收工作,建设单位不具备编制验收监测(调查)报告能力的,可以委托有能力的技术机构编制。建设单位对受委托的技术机构编制的验收监测(调查)报告结论负责。建设单位与受委托的技术机构之间的权利义务关系,以及受委托的技术机构应当承担的责任,可以通过合同形式约定。

⑦建设单位应当严格按照国家有关档案管理的规定,及时收集、整理建设项目各环节的环保工作文件资料,建立健全建设项目环保工作档案,并在建设工程竣工环保验收后,及时公示并向建设行政主管部门或者其他有关部门移交建设项目档案。

(2)设计单位

①勘察、设计单位从事城市轨道交通工程勘察、设计业务,必须具有相应资质,并在其资质等级许可的范围内承揽工程。不得转包或者违法分包所承揽的工程勘

察、设计业务。

②勘察、设计单位的主要负责人对本单位勘察、设计质量工作全面负责。项目负责人应当具有相应执业资格和城市轨道交通工程勘察、设计工作经验。项目负责人对所承担工程项目的勘察、设计质量负责。从事工程勘察、设计的执业人员应当具备相应的职业资格，并对其签字的勘察、设计文件负责。

③勘察、设计单位在开展勘察、设计工作时，需要遵守各项环境保护法律法规、标准，需要落实环评报告及其批复提出的关于固体废物的各项环保措施。

④设计单位出具的设计文件，应当经过建设单位的审核，确保其落实了环评报告及其批复提出的关于固体废物的环保措施。

(3)施工单位及固废运输处置单位

①施工单位从事城市轨道交通工程施工活动，应当依法取得相应等级的资质证书，并在其资质等级许可的范围内承揽工程，不得转包或者违法分包。

②建设工程实行总承包的，总承包单位应当对全部建设工程环境保护工作负责。

③施工单位项目负责人对所承担工程项目的环境保护工作负责。施工单位应当在本项目中设置专门的环境保护工作管理人员。

④施工单位必须建立健全环保工作责任制和管理制度，建立健全固体废物处置管理制度，加强对施工现场环保管理机构和人员的管理。

⑤施工单位应当在施工过程中落实环评报告及其批复提出的各项关于固体废物的环保措施。

⑥施工单位有责任根据相关法律法规及管理文件的要求落实固体废物处置措施，避免在生产、运输、处置的过程中，造成固体废物污染事故。

⑦固废运输处置单位应当按照有关规定，合理合法合规地开展固废运输和处置工作，在运输、处置过程中，应落实环评报告提出的各项环保措施。

(4)环保咨询单位

①环境监理是落实环境影响评价报告及批复、水保措施和环境工程设计等提出的环境保护措施的重要节点，是对建设项目环境影响评价和“三同时”、竣工验收等环境管理制度的完善，对控制环境污染、减轻生态破坏有着关键性作用。

②环境监理单位主要负责人对本单位环境监理工作全面负责。项目环境监理工程师对所承担工程项目的环境监理工作负责。

③环境监理单位应当依照法律、法规以及有关技术标准、设计文件和建设工程承包合同，代表建设单位对施工实施监理，并对施工过程环境保护工作及效果承担监理责任。

④监理单位必须建立健全环保工作责任制和管理制度，加强对施工现场环境监理管理机构和人员的管理。

(5)竣工环保验收调查(监测)单位

①竣工环保验收调查(监测)单位(以下简称验收调查单位)应当依照法律、法规以及有关技术标准、设计文件和建设工程承包合同,代表建设单位开展竣工环保验收调查(监测)工作,并对竣工环保验收调查(监测)工作及效果承担责任。

②验收调查单位的相关工作应严格按照环境保护主管部门制定的规定程序执行,确保验收过程完整,验收程序合法。

③验收调查单位应对建设单位落实环境影响报告书(表)及其批复文件要求进行充分调查,核实建设项目是否落实了相关的固体废物处置措施,对调查报告的真实性和准确性负责。

④验收调查单位应确保建设项目验收材料齐全,验收内容全面,适用标准规范,内容不缺项,标准不降低。

⑤验收调查单位应确保调查结论符合相关法律、法规以及有关技术标准、办法的要求。

4)噪声管控

(1)建设单位

①工程设计文件确定前,建设单位或项目前期单位应当组织设计等相关单位进行现场踏勘,提出噪声污染防治意见,并以书面形式提交给设计单位。

②编制工程概算、预算时,依据噪声污染防治需要,编制噪声污染防治费用预算清单,并纳入安全文明施工措施费中列支。

③工程招标时,应把编制噪声污染防治方案(含经费预算)作为招标要求之一,将噪声污染防治相关费用列入安全文明施工措施费,按照不可竞争费予以保障。在施工承包合同中明确施工单位噪声污染防治责任和噪声污染防治的费用,委托监理机构对施工单位噪声污染防治责任落实情况实施监督。

(2)设计单位

①按照国家现行标准和建设单位要求,与建设、施工等相关单位互相配合,在进行工程设计方案编制、施工组织方案、施工区域划分、施工工艺选择、施工设备技术参数确定、场地布局等前期策划工作中,充分考虑噪声污染防治要求,提高设计、施工水平。

②在工程设计阶段,应当根据建设工程勘察文件和建设单位提供的噪声污染防治书面意见,优先选用有利于噪声污染防治的施工工艺和设备,提出合理的环境噪声污染防治措施。

③协助建设单位、施工单位确保噪声污染防治措施的有效落实。

(3)环保咨询单位

①对施工单位的噪声排放工程项目申报、中午或者夜间作业证明等审批制度

执行与落实工作进行监督。

②按照建设单位和设计单位提供的环境污染防治书面意见，审查施工单位编制的噪声污染防治方案，并提出符合现场实际情况的修改意见，在实施过程中做好监督检查工作。

③依据施工方案和噪声污染防治方案，对施工中各项噪声污染防治措施的落实情况，以及工地噪声污染情况进行监督。

④对施工单位申请中午或夜间施工作业证明时提出的必须连续作业的生产工艺和连续施工时间进行合理性审查，客观出具施工意见书。

(4)施工单位

①结合施工工地现场条件、周边噪声敏感点分布，识别主要噪声污染源，根据建设单位、设计单位提出的噪声污染防治意见，编制噪声污染防治方案，并纳入安全文明施工专项方案。

②工程开工十五日前，向工程所在地环保部门申报工程项目名称、施工场地和施工期限、需要使用的排放噪声的机械设备及其噪声排放强度、拟采取的噪声污染防治措施。

③工程开工前，在施工现场显著位置公示项目名称、施工单位名称、施工时间、施工范围和内容、噪声污染防治方案、现场负责人及其联系方式、噪声监督管理主管部门等重要信息。

④在建设单位和监理单位的监督下，实施噪声污染防治方案中的各项噪声污染防治措施，安装运行维护噪声在线监测系统，在施工进场前完成准备工作，应安排专管部门和专职人员负责该事宜。

5)生态影响管控

(1)施工单位

①建立生态环境管理组织机构

承包单位需建立自上而下的多级环境管理组织机构，从决策层到操作层，层层把关。从上而下，总公司到分公司到项目部，都要设立环境管理办公室，设立专职或兼职的环保管理人员和工作人员；现场施工班组要设立专职或兼职的环保员负责现场的具体环保工作。

承包单位要把环保工作纳入工作日程，每月定期开会研究和解决在施工中出现的环境问题。总公司的环境管理办公室负责环境管理工作的总体规划、实施和检查，并对分公司及项目部下达环境工作指令；分公司环境管理办公室负责传达、执行总公司环境管理的文件，并制定出相应的实施细则，检查、监督项目部的执行情况；项目部的环境管理人员具体负责现场的环境管理工作；施工班组具体落实环境管理及环境保护的措施。

②做好环保宣传与教育工作

承包单位环保宣传教育的对象是全体管理及现场施工人员，包括项目部管理人员、现场施工人员、协作人员以及其他人员等。施工单位应通过加强环保宣传教育，使广大的施工人员具备基本的环保知识，增强其环保意识，发挥施工人员保护环境的主观能动性。

环保教育的内容主要包括：首先，学习国家和地方环境保护法律法规，使所有人员明确保护环境的重要性；其次，学习环保基本知识，提高员工的环境因素识别能力；再次，有针对性的宣传施工现场的具体环境问题及预防措施；最后，对于施工过程中发生的生态环境污染现象与事故，采取现场教育的方法，及时处理并公示，对责任人要进行经济和行政的处罚，情节严重的要移交司法机关，这无论对其本人还是其他工作人员都是一种教育和警示。

环保宣传的内容主要包括：在施工现场树立、张贴环保规章制度及环保知识的宣传标语牌，用图文并茂的直观形式进行环境教育与宣传，以营造环境保护的气氛。

③强化环境检查与监控

承包单位需制订施工现场环境管理和监督计划，并由专职环保人员定期检查，按月或季度公布实施结果，不断改进提高。

承包单位需加强对施工现场的生态环境监测、监控工作，发现问题及时采取措施消除生态污染和破坏。

④实行环保目标责任制和项目经理考核制

轨道交通工程施工前，承包商应签订施工环保责任书，把施工过程中应做到的环保工作明确化、具体化。现场工作人员也应分级签订环保责任书，明确其环保责任，同时要将环保责任书列入承包合同，明确对于违反规定的单位及人员给予相应的处罚。把环保指标以责任书的形式层层分解到有关单位和个人，建立环保自我监控体系，可有效保证施工期生态环境保护要求和措施的落实。

承包单位是生态保护工作的直接执行者，建立以项目经理为第一责任人的项目施工环境保护管理制度，明确各工区、各班组责任人，将施工现场环境保护工作纳入对项目部和项目经理的考核内容，并建立相应的奖罚制度。

(2)建设单位

①加强环保职能机构建设

首先，建设单位应意识到生态环境问题的重要性，在工程建设招投标之初即应把生态环境保护问题作为招投标的重要组成部分，并应与施工单位签订环保责任协议书，落实各方的环保责任。

其次，为了更好地开展施工期生态环境管理工作，建设单位应设立相应的环保职能部门，其人员的组成要兼顾学历、专业、年龄等，以达到科学合理决策与高效开展生态环境管理的目的。一方面，建设单位的环保职能部门应该在施工期间对环境影响因子进行不间断监测，并将监测结果反馈给施工方，使施工对环境造成的影响最小化。另一方面，建设单位的环保职能部门需主动与生态环境行政部门配合，及时汇报施工过程中各种环境问题，并接受其监督和指导。除此以外，建设单位的环保职能部门需对环境监理单位、施工单位等承包商的生态环境管理工作进行指导、监督和检查。

②建立惩罚机制

建设单位的大部分工作都委托给承包商进行，建设单位通过承包合同等手段进行间接的环境管理，因此承包合同中需明确具体而详细的生态保护要求及效果。对于不按要求进行环境管理工作的施工单位、监理单位，建设单位有权根据承包合同规定对其进行处罚或处理；当施工过程出现的环境问题危害了建设单位、公众，甚至国家的环境利益时，建设单位有权力根据现行法律、法规的规定要求施工单位进行环境补偿、环境恢复，情节严重的要移交司法机关处理。监理单位由于环境管理不善而造成环境问题或事故时，建设单位也有权力依法要求其进行经济补偿，或移交司法机关处理。施工过程中造成生态环境不合格的，建设单位可以扣除部分或全部工程进度款，或进行其他形式的经济处罚。

③建立环境补偿机制

城市轨道交通项目施工期间，建设单位要严格按照有关法律的规定，对各种环境污染及破坏进行补偿。如果是建设单位造成的环境问题，则由建设单位给予补偿；如果是施工单位造成的环境问题，则由施工单位给予补偿。例如，使用地方道路及其污染的补偿、临时用地超期补偿、林草地补偿等，尽量减少对生态环境的进一步破坏。

6)文物保护

(1)施工单位

①在城市轨道交通工程施工过程中，施工单位应当保护文物古迹及其周围的古树名木、水体、地貌，不得造成污染和破坏。

②施工单位或个人在建设工程施工中发现地下文物，应当立即停止施工，采取临时性措施保护好现场，并在 4 h 内报告建设单位和文物行政主管部门；建设单位在接到报告后 12 h 内，应当将保护措施报告文物行政主管部门。

③任何基本建设工程自发现地下文物至考古发掘开始前，施工单位应当指定专人保护地下文物现场，在考古发掘结束前，不得继续施工。

④在文物保护单位的保护范围内，施工单位禁止存放易燃易爆物品，禁止取土、开砂、采石和其他有碍观瞻、破坏环境风貌的活动。不得建设新的工程，因特殊需要，必须经原公布的人民政府和上级文物行政主管部门批准。

⑤在文物保护单位的保护范围内，施工单位不得进行其他建设工程或者爆破、

钻探、挖掘等作业。但是,因特殊情况需要在文物保护单位的保护范围内进行其他建设工程或者爆破、钻探、挖掘等作业的,必须保证文物保护单位的安全,并经核定公布该文物保护单位的人民政府批准,在批准前应当征得上一级人民政府文物行政部门同意;在全国重点文物保护单位的保护范围内进行其他建设工程或者爆破、钻探、挖掘等作业的,必须经省、自治区、直辖市人民政府批准,在批准前应当征得国务院文物行政部门同意。

⑥在文物保护单位的建设控制地带内进行建设工程,施工单位不得破坏文物保护单位的历史风貌;工程设计方案应当根据文物保护单位的级别,经相应的文物行政部门同意后,报城乡建设规划部门批准。

⑦在文物保护单位的保护范围和建设控制地带内,施工单位不得建设污染文物保护单位及其环境的设施,不得进行可能影响文物保护单位安全及其环境的活动。

(2)建设单位

①建设单位在对城市轨道交通工程选址时,应当尽可能避开不可移动文物;因特殊情况不能避开的,对文物保护单位应当尽可能实施原址保护。实施原址保护的,建设单位应当事先确定保护措施,根据文物保护单位的级别报相应的文物行政部门批准;未经批准的,不得开工建设。涉及的文物保护单位因特殊情况确实无法实施原址保护,需要迁移异地保护的,应当报省人民政府批准。迁移省级文物保护单位的,批准前须征得国务院文物行政部门同意。迁移全国重点文物保护单位,须由省人民政府报国务院批准。尚未核定公布为文物保护单位的不可移动文物,需要迁移异地保护的,应当事先征得文物行政部门的同意;需要拆除的,应当事先征得省文物行政部门同意。

②对需要迁移异地保护的不可移动文物,建设单位应当事先制定科学的迁移保护方案,落实移建地址和经费,做好测绘、文字记录和摄像等资料工作。移建工程应当与不可移动文物迁移同步进行,并由文物行政部门组织专家进行验收。

③在地下文物埋藏区内进行城市轨道交通工程建设,建设单位在取得建设项目选址意见书后,应当向省文物行政部门或者其委托的设区的市文物行政部门申请考古调查、勘探。

5. 验收阶段

1)建设单位或环保管理中心

在自主验收的前提下,建设单位对城市轨道交通工程竣工环境保护验收负总责。在验收阶段,建设单位或者由建设单位组建的环保管理中心应承担的环保责任如下:

(1)建设单位应当组织开展建设项目的竣工环保验收工作,建设单位不具备编制验收监测(调查)报告能力的,可以委托有能力的技术机构编制。建设单位对受委托的技术机构编制的验收监测(调查)报告结论负责。建设单位与受委托的技术机构之间的权利义务关系,以及受委托的技术机构应当承担的责任,可以通过合同形式约定。

(2)建设单位应当严格按照国家有关档案管理的规定,及时收集、整理建设项目各环节的环保工作文件资料,建立、健全建设项目环保工作档案,并在建设工程竣工环保验收后,及时公示并向建设行政主管部门或者其他有关部门移交建设项目档案。

2)环评单位

环评单位应当配合建设单位开展竣工环境保护验收工作。

3)勘察、设计单位

(1)勘察、设计单位应当委派专业技术人员配合施工单位及时解决与勘察、设计工作有关的问题。

(2)设计单位出具的设计文件,应当经过建设单位的审核,确保其落实了环评报告及其批复提出的各项环保措施。

(3)勘察、设计单位应当配合建设单位开展竣工环境保护验收工作。

4)施工单位

(1)施工单位应提供施工过程中落实环评报告及其批复提出的各项环保措施的佐证材料。

(2)施工单位应当配合建设单位开展竣工环境保护验收工作。

5)环境监理单位

(1)监理单位应当提供施工期监理报告,配合建设单位开展竣工环境保护验收工作。

6)竣工环保验收调查(监测)单位

(1)竣工环保验收调查(监测)单位(以下简称验收调查单位)应当依照法律、法规以及有关技术标准、设计文件和建设工程承包合同,代表建设单位开展竣工环保验收调查(监测)工作,并对竣工环保验收调查(监测)工作及效果承担责任。

(2)验收调查单位应当在进场后及时复核建设项目的批建相符性,若出现重大变更的情况,应当及时与建设单位沟通。

(3)验收调查单位的相关工作应严格按照环境保护主管部门制定的规定程序执行,确保验收过程完整,验收程序合法。

(4)验收调查单位应对建设单位落实环境影响报告书(表)及其批复文件要求进行充分调查,并对调查报告的真实性和准确性负责。

(5)验收调查单位应确保建设项目验收材料齐全,验收内容全面,适用标准规范，内容不缺项，标准不降低。

(6)验收调查单位应确保调查结论符合相关法律、法规以及有关技术标准、办法的要求。

4.3 环境保护管理和考核制度

4.3.1 环评阶段

1. 环评工作招标制度

在项目工可初步方案确定后，由环保管理中心办公室组织开展环评工作招标工作，选择环境影响评价信用平台中无不良信用记录的编制单位组织编写环境影响评价报告。选定中标单位后，成立环评报告编制工作组，环保管理中心副主任担任组长，负责与编制单位的沟通及任务节点的跟踪。

2. 报告审查制度

在环评文件报送生态环境审批部门审批前，环保管理中心副主任组织集团内部负责施工和运营的部门、设计单位核查环评报告内容和环保措施，确保环评文件中的措施可落实，并做好会议记录。

3. 资料建档制度

环保管理中心办公室文员将环评过程中的文件、公众参与调查资料、设计文件资料进行档案登记留存。

4.3.2 设计阶段

环保管理中心主任组织环评单位、设计单位召开环保设计准备会；由环评单位将环评文件和批复中环保措施对设计单位进行交底，并责成设计单位落实环保措施，形成会议纪录留档。

4.3.3 施工准备阶段

1. 扬尘污染

(1)环保文件交底会

由建设单位环保管理中心主任组织，项目环评单位、设计单位、施工单位共同参会。环评单位介绍项目前期环评报告、环评批复中关于施工扬尘的相关措施和要求；设计单位介绍设计中提出的关于施工扬尘的相关措施和要求。

施工单位根据工程实际情况制定行之有效的防治措施，将扬尘治理工作前置化、日常化、规范化。由施工单位签订扬尘管控工作考核任务书。

(2)编制扬尘治理专项方案

施工单位应根据招投标文件、施工合同以及设计施工图纸等，结合工程项目前期策划、施工组织设计以及现场实际条件，并在充分理解的基础上进行扬尘防治专项方案及应急预案编制。将扬尘防治工作落实到操作层，做到“人人管扬尘，人人治扬尘”。

建设单位环保管理中心主任组织专家对扬尘防治专项方案及应急预案进行审查，并形成会议纪要。

(3)扬尘申报制度

施工单位于开工前15日向施工项目所在地生态环境保护行政主管部门申报施工阶段的扬尘排放情况和处理措施。

扬尘备案登记可以主要包含以下信息：项目地址、名称、建设单位、施工单位及扬尘控制计划负责人，项目的开工日期、地点、规模、作业类型、计划完成日期，作业所涉及的区域、扬尘产生的开始日期和结束日期。

2. 水污染

在轨道交通项目施工准备阶段，建设单位需要收集项目建设工程中涉及的水环境保护和污染防治的国家及地方法律法规，并结合项目沿线水环境特征和水环境保护目标，在招投标阶段和签订合同时提出水环境保护内容、水环境控制目标及水环境保护具体要求等，通过招投标确定符合要求的施工单位，并选择有资质单位进行环境监测和环境监理。此外建设单位还需办理环评、水土保持等相应环保手续，完善水环境保护相关的应急预案。

施工单位在施工准备阶段，需在各工区建立以项目经理为组长的环境保护领导小组，明确各部门、各岗位人员在轨道交通项目施工过程中水环境保护和水污染防治的职责分工。施工单位需明确应遵循的水环境保护法律法规及标准要求，在编制施工组织设计和施工方案时，需要有相应的水环境保护方案，明确水环境保护具体工作内容，包括水环境保护设施及措施、水环境监测方案、例行检查等，并在方案中确定可能的潜在水环境污染事故，制定相应的应急计划。施工单位还应指定节约用水的制度和方案，明确施工用水的管理要求。

环境监理单位根据轨道交通项目环评报告和批复的要求，结合轨道交通项目建设特点，编制相应的环境监理方案，明确环境监理单位的工作目标，确定具体的环境监理工作制度、程序、方法和措施；按照环境监理方案的要求，制定环境监理工作程序，为轨道交通项目施工全过程提供保障。施工单位进场前，环境监理单位应审查施工单位现场项目管理机构的环境管理体系，明确施工现场环境保护目标。对环境管理体系重点审核以下内容：环境管理的组织体系；环境控制管理制度；环境管理人员到位情况和各特种作业人员的资质。

3. 噪声污染

1)建设单位

(1)确保噪声污染防治设施费用

工程招标时，应把编制噪声污染防治方案（含经费预算）作为招标要求之一，将噪声污染防治相关费用列入安全文明施工措施费，按照不可竞争费予以保障。在施工承包合同中明确施工单位噪声污染防治责任和噪声污染防治的费用。

(2)建立环境保护责任制度，明确单位负责人和相关人员的责任

应当成立环境保护小组，任命项目负责人为组长，项目总工程师为副组长，组员包括项目各部室领导和各工程队队长。设置环境保护管理部门，聘用环保专业人才对施工全过程产生的环保问题予以把控，及时发现问题，纠正问题。规定小组内人员的职责和权限，见表4.1。各工程队控制各自施工活动中产生的施工噪声环境因素。

表4.1 施工噪声环境管理职能分配表

标准条款		职能分配				
		项目负责人	项目总工程师	项目各部室领导	各工程队长	项目环保管理部门
环境方针		主导	指导	配合	配合	配合
策划	声环境因素识别	配合	质量把控	配合	配合	主导
	法律法规和其他要求	配合	质量把控	配合	配合	主导
	目标、指标和方案	配合	质量把控	配合	配合	主导
实施与运行	职责和权限分配	主导	配合	配合	配合	配合
	能力、培训和意识	配合	配合	配合	配合	主导
	文件控制	学习	质量把控	学习	学习	编制
	运行控制	执行	质量把控	执行	执行	监督
	投诉意见处理	改进	质量把控	改进	改进	记录并反馈
检查	监测、记录	配合	配合	配合	配合	主导
	评价	配合	质量把控	配合	配合	主导
	纠正和预防措施	改进	改进	改进	改进	主导
	内部审核	监督	质量把控	配合	配合	主导

(3)组织设计等相关单位进行现场踏勘，核查施工单位环境保护措施

工程设计文件确定前，建设单位应当组织设计等相关单位进行现场踏勘，核实施工单位是否落实环境影响评价文件和批复要求提出的施工期噪声污染防治措施。核查施工单位所使用的施工机械设备是否属于国家淘汰工艺设备名录。提出噪声污染防治意见，并以书面形式提交给设计单位。

根据工产业〔2010〕第122号，《部分工业行业淘汰落后生产工艺装备和产品指导目录(2010年本)》、中华人民共和国国家发展和改革委员会令〔2019〕第29号，《产业结构调整指导目录(2019年本)》、《建筑工程绿色施工规范》(GB/T 50905—2014)，建设工程施工工艺和设备淘汰目录见表4.2。

表 4.2 建设工程施工工艺和设备淘汰目录

序号	设备名称	型　号
1	塔式起重机	TQ60、TQ80
2	井架简易塔式起重机	QT16、QT20、QT25
3	推土机	T100、T100A
4	干式喷浆机	ZP-Ⅱ、ZP-Ⅲ
5	挖掘机	WP-3
6	单梁起重机	A571
7	汽车起重机	Q51
8	单筒提升绞机	KJ1600/1220
9	固定带式输送机	TD60/TD62/TD72
10	矿用钢丝绳冲击式钻机	—
11	动力用往复式空气压缩机	1—10/8、1—10/7 型
12	(环状阀)空气压缩机	3W—0.9/7
13	高压离心通风机	8—18 系列、9—27 系列
14	强制驱动式简易电梯	—
15	工程桩不宜采用人工挖孔成桩	
16	在城区或人口密集地区,不宜使用强夯法施工	
17	木或竹制模板时,不得在工作面上直接加工拼装	
18	模板拆除宜按支设的逆向顺序进行,不得硬撬或重砸	

2)设计单位

编制环境保护篇章,落实声环境保护措施投资概算。按照国家现行标准和建设单位要求,与建设、施工等相关单位互相配合,在进行工程设计方案编制、施工组织方案、施工区域划分、施工工艺选择、施工设备技术参数确定、场地布局等前期策划工作中,充分考虑噪声污染防治要求,编制环境保护篇章,落实声环境保护措施投资概算。协助建设单位、施工单位确保噪声污染防治措施的有效落实。

3)施工单位

结合施工工地现场条件、周边噪声敏感点分布,识别主要噪声污染源,根据建设单位、设计单位提出的噪声污染防治意见,编制噪声污染防治方案,并纳入安全文明施工专项方案。

(1)申报登记

工程开工十五日前,向工程所在地环境保护行政主管部门申报工程的项目名称、施工场所、期限和使用的主要机具、可能产生的环境噪声值以及所采取的环境噪声污染防治措施等情况。

(2)特定时期进行施工作业应报主管部门审批

夜间施工:因生产工艺要求或者因特殊需要须昼夜连续作业的,施工单位必须报环境保护行政主管部门审批。

在中考、高考等特定时期:因特殊原因需要进行施工作业的,施工单位应当向工程所在地环境保护行政主管部门提出申请,由工程所在地环境保护行政主管部门会同有关部门审查同意后,报经市环境保护行政主管部门批准。

获得批准后,必须在施工前两天将施工作业情况公告附近居民,在施工现场显著位置公示项目名称、施工单位名称、施工时间、施工范围和内容、噪声污染防治方案、现场负责人及其联系方式、噪声监督管理主管部门等重要信息。

4)环保咨询单位

监督施工单位履行环保手续。按照建设单位和设计单位提供的环境污染防治书面意见,审查施工单位编制污染防治方案,并提出符合现场实际情况的修改意见,在实施过程中做好监督检查工作。

对施工单位的噪声排放工程项目申报、中午或者夜间作业证明等审批制度执行与落实工作进行监督。依据施工方案和噪声污染防治方案,对施工中各项噪声污染防治措施的落实情况,以及工地噪声污染情况进行监督。对施工单位申请中午或夜间施工作业证明时提出的必须连续作业的生产工艺和连续施工时间进行合理性审查,客观出具施工意见书。

4. 固体废物污染

(1)设单位应建立固体废物污染防治管理办法,对固体废弃物的产生、堆存、运输、处置等环节进行管理。

(2)建设单位在对施工单位进行招标时,应在招标文件中明确固体废物污染防治责任,确定中标单位后,应当将环境保护设施建设及污染防治责任纳入施工合同,保证环境保护设施建设进度和资金,保证环境保护措施的落实。

(3)在建设项目全过程中,建设单位应督促施工单位、监理单位设置环境保护工作专职人员,负责本单位环保责任的落实。应督促各单位在环保责任落实时,及时收集整理台账、照片、文件等相关材料。

(4)工程施工单位在施工准备期,应当编制固体废物处置方案,采取污染防治措施,并报县级以上地方人民政府环境卫生主管部门备案。

(5)建设单位应当要求各参建单位采用节能、节水等有利于环境与资源保护的建筑设计方案、建筑和装修材料、建筑构配件及设备。建筑和装修材料必须符合国家标准。禁止生产、销售和使用有毒、有害物质超过国家标准的建筑和装修材料。

5. 生态保护

(1)开工前树立生态环保宣传牌

在生态空间管控区域附近工地周边设立临时宣传牌,简明扼要书写以保护自然为主题的宣传口号和有关法律法规,应有关爱护野生动植物和自然植被、处罚偷捕偷猎、简单救护方法和举报电话等内容。

(2)加强生态保护宣传教育及培训

施工前开展针对承包商、工程监理、环境监理、施工人员的生态保护培训。宣讲国家有关生态环境保护的法律、法规、条例、政策,如《中华人民共和国环境保护法》《关于加强资源环境生态红线管控的指导意见》等,以及划定生态空间管控区的目的及其重要意义等。

(3)发放生物多样性保护的宣传册等

通过向施工人员发放宣传册、图片、纪念卡、明信片等,加强对施工人员的生物多样性保护的法律、法规及知识的宣传,提高保护生物多样性意识。

6. 文物保护

(1)加强文物保护宣传教育及培训

施工前开展针对施工人员的文物保护培训。宣讲国家及地方有关文物保护的法律法规、条例政策,如《中华人民共和国文物保护法》《江苏省文物保护条例》《江苏省历史文化名城名镇保护条例》等。对建设项目施工前已经知晓的、可能受影响的文物古迹做详细的介绍,介绍文物古迹的地理位置,与建设项目的位置关系以及保护级别和保护要求,提高施工人员自觉保护文物的意识。

(2)设立施工期文物保护管理部门

建设单位应主动与文物保护行政职能部门配合,在政府文物管理的基础上,建立文物保护监督机构,配备文物保护专业人才队伍,熟悉文物保护法律和制度。建设单位文物保护管理部门的工作内容:一是对施工单位等承包商的文物保护管理工作进行指导、监督和检查,对于不利于文物保护的措施和操作程序及时制止并提出意见;二是主动与文物保护行政部门配合,及时汇报施工过程中遇到的各种文物保护问题,并接受其监督和指导。

4.3.4 施工阶段

1. 扬尘污染

1)巡查制度

为了及时控制施工扬尘影响,保障施工作业的大气环境,建设单位分管部门或委托环保咨询中心定期巡查,发现问题及时处理。

巡视检查的内容:基槽临边的防护、土方运输、材料堆放、垃圾清运、土方的覆盖、施工围挡完整情况、是否在施工过程中有隔空抛撒垃圾的情况、水泥砂石等材料的覆盖、砂石搅拌点的封闭情况、是否做到及时清扫、湿法施工等。

巡视检查的方法:定期经常性检查、突击性临时检查、季节性和节假日前后的全面检查和经常性检查。

定期检查,每个月监测 1 次,并做好检查记录。突击检查,每隔一段时间组织突击性检查一次;突击性检查要求项目经理带队施工部、安全部陪同对项目进行全面性大检查,频率根据施工进度情况,在施工高峰期或者扬尘易发生期间时,可适当增加组织突击检查次数。

节假日前后专项教育:针对不同气候各种天气的特点,做到扬尘源物不外漏,夏季防暑降温进行喷淋与人工洒水作业,针对重大节假日前后,防止职工纪律松懈,思想麻痹大意,要认真开展节前节后防尘教育工作,落实防扬尘防范措施。

对检查出的施工现场扬尘治理问题处理:为了保证各种类型的检查的实施效果,必须认真对待每次检查的问题及时整改,查出的扬尘隐患要记录下来形成纸质文件,重大扬尘隐患要现场落实专人限期整改,确保扬尘治理问题的解决以及隐患的消除。

2)责任制考核

施工单位在建立和健全各项扬尘控制规章制度的基础上,落实各级管理责任,扬尘治理责任考核制始终贯穿于整个施工管理过程中,作为项目施工扬尘治理的有效保障。

项目经理作为施工现场扬尘污染控制的第一责任人,对施工现场的扬尘污染控制负全面责任。各工段经理必须对施工扬尘全面控制,对自己的工段负全责,列入施工全过程管理的范畴。施工班组长是作业组施工扬尘控制的管理人,必须服从项目指挥,积极主动地配合搞好扬尘污染控制。项目部与各施工班组以及一线工作落实施工扬尘控制责任,进行扬尘专项技术交底,制定奖罚制度,以推动施工扬尘污染控制的进程。

3)扬尘数据监测制度

城市轨道交通工程施工扬尘数据监测制度可以采用两种:第一种是监督机构随机抽测,这种监测方法可以用来作为行政处罚的依据,有效震慑施工单位;第二种是重点实时监测,这种监测方法是用来监测经常性扬尘污染超标的建筑施工单位,是迫使其履行扬尘防治主体责任的手段之一。

4)考核指标

(1)施工围挡

施工现场采用硬质、密闭围挡。在市区主要路段、市容景观道路,以及物流仓储、车站广场等设置围挡的,其高度不得低于 2.5 m;在其他路段设置围挡的,其高度不得低于 1.8 m。围挡应当设置不低于 0.2 m 的防溢座。

围挡外侧应进行美化，采用绿色广告布装饰，并书写工程建设各方面的名称、宣传标语。

(2)施工场地

施工场地进出口铺设宽 6 m 以上的混凝土路面，与场区外路网相接。生活区、办公区铺设宽 2 m 以上的混凝土路面，与作业区路网相连。

施工场地内需全面硬化，非硬化地面，需进行平整、绿化，不留死角。

(3)材料堆放

对易产生扬尘的水泥、砂石等物料存放入库或者遮盖；除设有符合规定的装置外，禁止在工地现场随意熔融沥青、油染等有毒、有害烟尘和恶性气体的物质。临时土方、建筑垃圾等需在 48 h 内及时清运。不能及时清运的，应当在施工场地内实施覆盖或者采取其他有效防尘措施。覆盖网根据物料堆存时长选取不同降解速率的抑尘网。

(4)车辆清洗

施工工地出入口安装自动冲洗设施，并配备人员及时清扫，按照车行道每日 2 次，沉淀池每周 1 次标准进行清扫，保持出入口通道及道路两侧各 50 m 范围内的清洁。

(5)场区喷淋

施工工地四周设置喷淋装置，喷头上面围挡采用弧形结构，喷嘴方向采用逆风向 45°方向，采用 1.5 mm 直径的喷嘴，喷嘴间距控制在 2 m。

(6)湿法施工

土方、拆除、铣刨工程作业时，应当采取移动雾炮机洒水抑尘措施，缩短起尘操作时间；在开挖、钻孔时对干燥断面应洒水喷湿，使作业面保持一定的湿度；对施工场地范围内由于植被破坏而使表土松散干涸的场地，也应洒水喷湿防止扬尘；回填土方时，在表层土质干燥时应适当洒水，防止回填作业时产生扬尘扬起；施工期要加强回填土方堆放场的管理，要制定土方表面压实、定期喷湿的措施，防止扬尘对环境的影响。

(7)运输管控

对施工车辆的运行路线和时间应做好计划，落实专人重点对建渣运输进行监管，尽量避免在繁华区和居民住宅区行驶。对环境要求较高的区域，应根据实际情况选择在夜间运输，减少扬尘对人群的影响。采用封闭式渣土清运车，严禁超载，保证运输过程中不散落，如果运输过程中发生洒落应及时清除，减少二次扬尘污染。

以上措施，由施工单位负责具体实施，并做好自查，发现问题第一时间采取整改措施；环保咨询单位负责现场监督，发现问题及时处理；建设单位不定期抽查。

2. 水污染

在轨道交通项目正式施工阶段，建设单位需建立与上级环境管理部门的联系通道和对施工单位的监督通道，设立并公布接受群众监督、投诉的热线电话、信箱；监督单位的水环境保护措施的落实情况，与施工单位和环境监理单位定期组织会议，分析施工过程中存在的水环境保护问题并制定相应防治措施，确保施工过程中不出现污染事故。建设单位负责施工用水的归口管理和用水的审批手续，定期检查各施工单位的用水情况并提出整改意见。

正式施工阶段是轨道交通项目施工期水环境保护的关键阶段。施工单位要落实水环境保护方案、人员，分解环保责任，落实水环境污染防治措施；指定专人负责施工现场和施工活动的环境控制和环境保护工作，有序组织环境行为，完成施工方案环保设计方案和环保工作方案的各项工作。由于轨道交通项目施工期往往较长，施工单位需要根据不同的施工阶段和季节特征，及时调整水环境保护和污染防治的工作内容，保障水环境管理工作的质量。施工单位需设立专人负责施工用水的管理，并按照施工用水协议缴纳税费和完成水消耗月报表。

环境监理单位在施工阶段除了做好施工过程中的环境监理外，还需做好环境监理的现场记录、环境监理月报及环境监理报告。建设单位主持召开环境监理工作会议时，环境监理单位检查上次会议议定水环境保护相关事项的落实情况，分析未完成原因；检查分析工程当前进度下水环境影响情况，针对存在的水环境问题提出改进措施。

3. 噪声污染

1)建设单位

(1)不定期巡查，设立奖惩制度

建设单位应开展不定期巡查的方式对施工单位噪声污染控制情况进行监督检查，环保检验见表4.3。通过设立奖惩制度，对各施工单位进行考核，在施工作业或环境管理中，做出突出成绩的，给予奖励；对施工现场造成污染和危害的，给予惩罚。

表4.3 现场环保检验表

序 号	项 目	检验结果
1	将产生噪声的施工机械与活动安排远离居民区的地方	
2	在不能避免远离居民区的地方操作应采取隔声屏障措施，或对施工机械进行隔声、消声、减振等技术措施	
3	禁止夜间使用高噪声设备施工	

续上表

序　　号	项　　目	检验结果
4	检查机械运作情况,不使用时应及时关掉	
5	工人操作施工机械时应佩戴噪声防护耳罩	
上列第　　项不符合要求,已发出不符合报告,报告编号		
检查人签名:	复核人员签名:	
检查日期:	复核日期:	

①奖励

建立环境保护奖励基金,对环境保护工作成绩突出的施工单位进行奖励。奖励方案必须经建设单位项目部主管领导批准。

符合下列条件之一的分包单位和个人,可给予分包单位 5 000 元奖励,个人1 000元奖励。

A. 在特殊条件下,对环境保护做出贡献的分包单位或个人。

B. 在危急关头,及时采取急救措施,避免了环境污染事故的分包单位或个人。

C. 及时查出重大环境安全隐患并设法排除,从而避免了环境污染事故的分包单位或个人。

D. 在生产、建设等方面,对环境保护措施有革新创造,成绩突出者。

E. 对已造成的环境污染治理有突出贡献者。

F. 对于严重违反环保法律、法规的人和事, 敢于检举揭发者。

G. 环境保护技术管理方面,有突出贡献者。

②处罚

A. 经检查发现,机械设备无减、消声设备设施的,并造成场界噪声超标的,对分包单位处罚 1 000～2 000 元/次。

B. 经检查发现,夜间不按规定使用高噪声设备进行施工作业的,对分包单位处罚 1 000～2 000 元/次。

C. 经检查发现,使用高噪声设备未带防护耳罩的,对相关人员处罚 50 元/次。

(2)公众投诉意见处理

建设单位作为发生噪声投诉问题的第一责任人,在收到公众投诉意见时,应立即组织人员去现场进行查看,将结果及时反馈给居民。对公众意见的回复应做到客观、专业,根据居民提出的意见,要求施工单位及时改进夜间作业方式,如夜间禁止使用高噪声设备进行施工,或利用技术手段对施工机械进行隔声、消声和减振处理,从源头降低噪声。同时做好与居民沟通过程的记录,督促施工单位履行降噪措施,在进行改正措施后,可进行电话回访,以此验证所采用的降噪措施是否有效。

2)施工单位

(1)纠错与改正

针对建设单位不定期巡查的结果,对不符合环保要求的行为要采取预防措施,而对已经出现的不符合行为要采取相应的纠正措施,防止以后再产生类似的情况。对于项目施工阶段发生的问题,要进行及时详细的记录,见表 4.4,并分析这类环境问题不能达标的原因,提出改正及预防措施,在下一阶段逐步实现。

表 4.4 不合格情况的改正及预防措施

<table>
<tr><td colspan="4">第一部分</td></tr>
<tr><td>报告编号:</td><td></td><td>日期:</td><td></td></tr>
<tr><td>不合格情况报告</td><td colspan="3"></td></tr>
<tr><td>填报人:</td><td colspan="3"></td></tr>
<tr><td>日期:</td><td colspan="3"></td></tr>
<tr><td>处理方法:</td><td colspan="3"></td></tr>
<tr><td>预防措施:</td><td colspan="3"></td></tr>
<tr><td>返工/改善完工日期:</td><td colspan="3"></td></tr>
<tr><td colspan="4">第二部分</td></tr>
<tr><td>不合格情况已进行返工/改善结果满意程度:</td><td colspan="3"></td></tr>
<tr><td>不合格情况处理方式合格与否:</td><td colspan="3"></td></tr>
<tr><td>其他:</td><td colspan="3"></td></tr>
<tr><td>复检结果:</td><td colspan="3"></td></tr>
<tr><td>新报告编号:</td><td colspan="3"></td></tr>
<tr><td>填报人:</td><td></td><td>日期:</td><td></td></tr>
</table>

(2)记录产生噪声的施工设备主要信息

施工单位应对本项目所采用的低噪声施工工艺和设备主要信息及相应的降噪措施进行统计,以备建设单位和环境保护主管部门检查核对,见表 4.5。

表 4.5 本项目产生噪声的施工设备信息

施工设备	数量(台)	使用的施工阶段和用途	入场时间	设备型号及厂家	正常工况运行时设备外 5 m 的声压级	使用年限	日常保养情况	采取的降噪措施
例:挖掘机		土石方阶段,土方开挖						设置临时隔声屏障

续上表

施工设备	数量（台）	使用的施工阶段和用途	入场时间	设备型号及厂家	正常工况运行时设备外 5 m 的声压级	使用年限	日常保养情况	采取的降噪措施
例：旋挖桩机		桩基阶段，打桩						合理安排作业时间
例：振捣棒		主体结构阶段，混凝土浇筑						安装隔声罩
例：吊车		装修阶段，垂直水平运输						合理设置路线
……		……						

(3)合理布置施工场地

①场地布置。施工单位应绘制场地平面图，并标注主要噪声源、厂界周边噪声敏感点、噪声监测点位等信息。

②环保公示牌。施工单位应在施工现场放置环保公示牌。公示信息须包括项目名称、施工单位名称、施工时间、施工范围和内容、噪声污染防治方案、现场负责人及其联系方式、噪声监督管理主管部门等。

③场界围挡设置。施工单位应在施工厂界周边设置场界围挡，围挡高度、材质和位置应满足施工期噪声污染防治的要求，确保场界达标。

(4)加强噪声监测

施工单位应记录噪声日常监测情况，如监测人员、监测频次、达标情况分析。绘制监测点位布置图，对周边噪声环境敏感点和敏感区域进行分析。可利用数据监测平台收集施工阶段噪声监测数值，同时做好系统维护工作，一旦出现超标，立即组织人员排查噪声污染源，及时切断噪声源，尽量避免对周边居民区的噪声影响。

3)环保咨询单位

(1)环保知识宣传教育

监理单位作为监督施工单位是有效落实声环境保护措施的主要责任人，在施工阶段应做好对施工单位的环境保护培训工作。可利用各种会议、宣传栏、警示标志、分发环保教育手册、宣传标语和环保录像等多种形式对施工现场人员进行教育，如图 4.2 所示。

(2)日常监测计划

为了评价施工单位是否落实有效的声环境保护措施，需要对场界噪声进行监测，评价监测值是否满足《建筑施工场界环境噪声排放标准》(GB 12523—2011)规定的排放限值。监理单位应制定日常监测计划，监测对象不仅包括场界噪声，还应包含施工场地周边距离较近的声环境敏感点，保存好原始记录。

图 4.2　环保知识宣传手段

根据监测结果，编制项目施工期声环境监测分析报告，主要内容应包含项目施工场界及周边声环境保护目标的达标情况和声环境保护措施的运行效果，若有超标情况，应提出相应的优化措施，确保施工场界噪声和声环境保护目标处的噪声值能够满足相应标准。

(3)做好文字和影像记录，整理项目声环境保护措施落实的相关材料

监理单位负责项目的资料收集工作，总结施工单位和建设单位在进行噪声污染防治过程中的经验和教训，对于施工单位现场采取的噪声污染防治措施，应做好文字和影像记录的工作，对做得好的地方予以嘉奖，对做得不足的地方提出改正措施，有利于提高工作人员的环保意识。

4. 固体废物污染

1)严禁在工地焚烧各种垃圾废弃物。对固体废弃物中的有用成分先分类回收，确保资源不被浪费。

2)加强出渣管理，可在各工地范围内合理设置渣场，及时清运，不宜长时间堆积，不得在建筑工地外擅自堆放余泥渣土，做到工序完工场地清洁。

3)严格遵守所在地固废相关的管理规定，余泥等散料运输必须由有资质的专业运输公司运输，车辆运输散体物料和废弃物时，必须密闭、包扎、覆盖，不得超载、沿途撒漏；运载土方的车辆必须在规定的时间内，按指定路段行驶，尽量缩短在闹市区及居民区等敏感地区的行驶路程；运输过程中散落在路面上的泥土要及时清扫。

4)提供流动或固定的无害化公厕处理大小便，厨余等生活垃圾须集中收集，并指定场所存放，交环卫部门处理，不得混杂于建筑弃土或回填土中。

5)加强对各种化学物质使用的检查、监督，化学品使用完后应做好容器(包括余料)的回收及现场的清理工作，不得随意丢弃。

6)运载土方的车辆必须在规定的时间内,按指定路段行驶,尽量缩短在闹市区及居民区等敏感地区的行驶路程;运输过程中散落在路面上的泥土要及时清扫。

7)鼓励有条件的施工单位开展固体废物综合处置利用。

8)拆迁过程中的注意事项

(1)物料清理

对场地中留存的原辅材料进行分类,属于危险化学品范围的物料应按照相关要求进行回收包装、运输、贮存等管理;未包括在危险化学品范围内的物料也应按照相关法规及其化学品安全说明书中的要求进行清理、包装、运输及储存。

(2)设备清理

企业生产和遗留设备的拆迁应以环境无害化方式进行,设备拆解前,必须做好各项环保准备工作,制订具体的拆解工艺方案、施工作业计划和环境保护措施,包括防止火灾、爆炸、有害气体释放、污染物溢溅等事故的措施。对设备的外观、位置、部件组成、工艺情况、生产历史、污染现状等做好检查。

特殊设备的清理建议委托有相应资质的化工设备清洗公司完成。对场地中的设备进行无害化清理建议参考如下步骤:

①清洗。清洗后设备内的有害残液、残渣应清除干净,并应符合相应的标准。对受物料污染区域进行清洗,必须回收清洗的废水。

②清洗废液回收。清洗过程中的废液不允许直接排入水体中,应集中处理回收,作为危险废物放置在专门的收集容器或储存设施里,标示为“危险废物”,并在其周边设置为危险废物警示标志。

③检测。对清洗过的设备进行随机抽样检测,若有害物质残留量小于95%置信上限值[残留检测标准依据《危险废物鉴别标准　通则》(GB 5085.7—2019)中的要求进行],则清洗合格。否则需要重新进行清洗。

(3)地下槽罐清理

①相关联管道应排空,对槽罐进行彻底抽吸和清洁;除一个排气口外,槽罐上的所有开口必堵住。

②应将槽罐周围的土壤挖掘出,移除并固定槽罐;固定槽罐后,应检查槽罐上是否有孔,如果发现有任何裂孔或有任何排放,则应及时采取措施。

③为槽罐处置做准备,在槽罐上贴上标签,说明其来源场地、最终目标场地以及其作为储存槽罐时曾储存的物质。

④在槽罐移除时,应对储罐的情况、内容物性质和周围土壤及地下水是否被污染做详细的检查和记录。

⑤如果地下储存槽罐位于建筑物等永久结构下,需提交证明,说明对地下储存槽罐关闭的取样要求将造成邻近结构的破坏,可不进行移除。

(4)管道清理

管道拆除前需确认管道内已排空,对曾用作有毒有害化学品传输的管道,需由知情人员提供信息并由专业人员拆除。对于地下埋设管道,应特别注意包括接头、分配器和其他可能的泄漏区域,必要时请专业人员取样测试。

(5)蓄水池清理

蓄水池包括但不限于污水池、消防池、废物池或废物坑、雨水滞留池、基坑、自然低地或堤沟区域,用于积聚液体物质或含有自由液体的物质的人工或自然坑池、堤沟等。清理前需确定液体是何种物质,判断其是否有毒有害,并根据物质的性质特点采取相应的处理措施,或直接排放,或处理后排放或直接作为危废处理。对于不确定是何种物质的,应采样及实验室分析。如有大量沉积物存在,应估计池内的沉积物的量,对于液体为有毒有害物质的,应对沉积物进行采样实验室分析,然后确定相应的处理措施。

(6)物料与设备的清运

场地物料清运管理必须遵守化学品运输的相关要求,如《道路危险货物运输管理规定》(2005)、《铁路危险货物运输管理规则》(铁运〔2008〕174号)及《水路危险货物运输规则》(1996)。一般工业固体废弃物类设备的清运应预防或最大限度减少溢漏、泄漏和员工及公众的接触。所有用于场外运输的废弃物容器,均应在运输车辆上标明废弃物的内容物和相关危险的标签,然后按正确方法装车运离现场,并随车附带一份说明货物及其相关危险的运输单(即载货清单)。场地危险废物类设备的清运必须遵守危险废物运输管理的基本要求。

9)拆迁过程的固废管理

拆迁施工过程中应采取的污染防治措施包括但不限于以下所列内容:

(1)编制应急预案防范环境影响

为避免各类关停搬迁过程中突发环境事件的发生,企业关停搬迁前应认真排查搬迁过程中可能引发突发环境事件的风险源和风险因素,根据各种情形制定有针对性的专项环境应急预案,报所在地县级环保部门备案。储备必要的应急装备、物资,落实应急救援人员,加强搬迁、运输过程中的风险防控。

(2)对拆迁废物进行分类管理,制定分类管理计划,提出废物分离方法

在场地内选择适当的区域用于临时堆放拆卸下来的建筑废物,堆放区域不能设在场地外,一面造成废物的扩散;堆放区域要有适当的保护或隔离措施,设置易于识别的警示标志;设立垃圾箱分类收集,及时清运,现场垃圾堆放总量不得超过60 m^3;垃圾运出拆迁施工现场时应当按照批准的路线和时间到指定消纳处理场所处理。

(3)规范各类设施拆除流程

企业在关停搬迁过程中应确保污染防治设施正常运行或使用,妥善处理遗留

或搬迁过程中产生的污染物，待生产设备拆除完毕且相关污染物处理处置结束后方可拆除污染治理设施。如果污染防治设施不能正常运行或使用，企业在关停搬迁过程中应制定并实施各类污染物临时处理处置方案。对地上及地下的建筑物、构筑物、生产装置、管线、污染治理设施、有毒有害化学品及石油产品储存设施等予以规范清理和拆除。

(4)污染事故及时上报

企业在拆迁过程发生污染损害事故的，施工单位必须向环境管理部门提交《污染事故报告书》，报告污染发生的原因、经过、排污数量、采取的抢救措施、已造成和可能造成的污染损害后果等，并接受调查处理。发生重大污染事故，及时报告环保主管部门。

(5)安全处置企业遗留固体废物

企业应对原有场地残留和关停搬迁过程中产生的有毒有害物质、危险废物、一般工业固体废物等进行处理处置。属危险废物的，应委托具有危险废物经营许可证的专业单位进行安全处置，并执行危险废物转移联单制度；属一般工业固体废物的，应按照国家相关环保标准制定处置方案；对不能直接判定其危险特性的固体废物，应按照《危险废物鉴别标准》的有关要求进行鉴别。

10)重点关注企业的土壤管理要求

以南京至句容城际轨道交通为例，加油站易造成漏油现象，涂料公司的油漆、颜料、溶剂、添加剂等泄露易对场地土壤造成不同程度的污染等，这些企业关停搬迁之后，在拆迁过程中易造成设备、储罐、管道内等污染物直接倾倒到场地土壤中，导致二次污染，扩大污染范围及程度。应按有关规定开展场地环境调查及风险评估，对污染场地进行系统调查、评估，准确并动态掌握污染场地的区域分布、污染面积、污染类型和污染程度等。明确治理修复责任主体的，提出有针对性的拆除过程污染物控制方案，尽可能做到待搬迁污染场地边生产、边修复；边搬迁，边修复，防止污染扩散。企业拆除活动污染防治方案应当包括被拆除生产设施设备、构筑物和污染治理设施的基本情况、拆除活动全过程土壤污染防治的技术要求、针对周边环境的污染防治要求等内容。对于轻度污染的土壤，采取深翻土或换无污染的客土的方法；对于污染严重斑块状的土壤，可采取铲除表土或换客土的方法。重点单位拆除活动应当严格按照有关规定实施残留物料和污染物、污染设备和设施的安全处理处置，并做好拆除活动相关记录，防范拆除活动污染土壤和地下水。拆除活动相关记录应当长期保存。

5. 生态保护

1)加强施工人员管理，并建立相应的奖罚制度

(1)加强施工人员管理，坚决杜绝盗伐、偷猎等非法活动。严禁施工人员将施

工废水、废渣排入生态红线区域。

(2)采取明确的奖惩措施,奖励保护生态环境的积极分子,处罚破坏生态环境的人员。

2)严格控制施工临时用地

(1)合理布局施工场地,施工过程中禁止在生态空间管控区范围内设置各种临时施工场地、堆料场、施工车辆冲洗维修点及施工营地,更不得进行取土和弃渣。

(2)工程施工中的临时便道,应首先考虑利用已有道路,尽量减少施工中临时便道的占地面积。施工路段需设立标示牌及拦挡设施。

(3)严格划定施工活动范围,施工人员不得随意进入工区以外的保护地域。在遇到环境敏感点的区域时,施工人员、施工车辆以及各种设备应按规定的路线行驶、操作,不得随意改变行驶路线。

3)选择合适的施工时期

(1)优化施工方案,抓紧施工进度,尽量缩短在生态空间管控区附近的施工作业时间。

(2)在生态空间管控区周边施工时,应安排在白天进行,夜间(晚上 20:00～次日 6:00)禁止施工,并使用低噪声设备和临时隔声措施。

(3)施工期尽量避开动物的繁殖季节,特别是鸟类和兽类的繁殖期,最大限度地降低工程施工对区域生物多样性的影响。

4)施工时要加强野生动物保护

(1)施工时需加强区域内野生动物食源、水源、繁殖地、庇护所、栖息地的保护,保障其活动路线的畅通。

(2)在动物活动附近进行施工活动时,需保留一定的施工保护地带,减少对动物的影响。

(3)针对动物的不同习性,在施工地界周围布置栅栏、围墙等必要的设施,避免动物误入工地自伤其身。在隧道通道出入口两侧设置防护栏,防止野生动物进入隧道中。

5)施工时要加强植被和林地的保护

(1)施工时林地保护要求:在林地穿越段减小施工作业带宽度,禁止施工人员砍伐施工作业带以外的树木。

(2)施工时植被保护要求:施工作业场内设施应采用成品或简易拼装方式,减轻对土壤及植被的破坏。

(3)施工时表土及农田保护要求:施工前将耕作层土壤进行剥离,单独保存。减小沿线施工作业带宽度,不随意扩大范围和破坏周围农田。

6)隧道施工要采取措施防止隧道施工排水

(1)为避免隧道施工受到地下水影响,隧道施工前需调查隧道区域地下水的分布、类型、含水率、补给方式和渗流方向,分析论证因隧道开挖地下水可能影响的位置和程度。

(2)对地下水坑涌处的可能部位,在隧道施工中应采取设置衬砌夹层防水层、化学压浆等切实有效的防水和防渗措施。

7)施工时要预防水土流失

(1)合理安排施工进度及施工时间,不在雨天和大风天开挖施工作业。

(2)在开挖土石方时做到随挖、随运、随铺、随压,使土壤暴露时间缩短,并快速回填。

(3)对开挖土方适当拍压,旱季表面喷水或用织物遮盖。

(4)在土石方堆场设立截流沟,防治施工区地表径流污染地表水体。

8)实施施工期环境监理

采取适当的管理措施对于施工期生态保护可以起到事半功倍的作用,施工监理措施是施工期最好的管理措施。在整个施工期内,由项目监理部门和建设部门的环保专职人员担任生态监理,采用巡检监理的方式,检查生态保护措施的落实及施工人员的生态保护行为。

9)施工单位及时开展生态恢复与补偿

(1)施工结束后,临时用地占用的临时便道、临时营地、拌和站等施工场地,应及时清理,清除油渍和垃圾,平整地面,并进行土地复垦,不得荒芜。

(2)对裸露地表应依照"宜草则草、因地制宜、原生性、特有性"的基本原则,种植当地生态系统中原有的植物种类及区域地带性植被中的优势灌木草本植物,从而恢复不同区域原有的自然植被。

(3)不能恢复的林地和耕地应结合当地生态环境建设的具体要求,按照"占一补一"的原则进行经济补偿和生态补偿。

6. 文物保护

1)对施工前已经知晓的、可能受影响的文物古迹实施保护工程

(1)加固文物的地基或本体

当轨道交通线路不可避免地从文物古迹周边或从地下穿越时,为增强文物自身抗干扰能力,需采取加固文物地基或本体的方式减少对文物古迹的影响,具体程序如下:

一是合理划定施工范围、科学布局施工现场。在满足施工作业的前提下,将施工现场的固定振动源合理集中,以缩小振动干扰的范围。

二是对已经知晓的文物进行结构安全鉴定,并根据鉴定结果采取结构加固和

加强措施。为最大限度控制振动源,在经过重点文物的路段,应采用无缝线路以及特殊减振设计方案即钢弹簧浮置板减振道床来降低影响。

三是施工中加强对文物的监测。施工过程中需设立文物敏感点,并跟踪监测,及时掌握文物古迹因轨道施工而导致的沉降变形和振动影响情况。

(2)合理选择工程作法

轨道交通线路或者车站距离文物较近时,施工期间不均匀地表沉降将会使文物的地基产生变形,沉降超过一定程度就会对文物本体造成损害,可采取合理选择工程作法的方式有效降低施工沉降对文物的影响,主要包括:

一是施工期间应采用浅埋暗挖法或者盾构法。我国在施工实践中总结了一套浅埋暗挖法的工艺技术要求,即"管超前、严注浆、短开挖、强支护、快封闭、勤测量",充分体现了浅埋暗挖隧道施工的精髓。

二是当隧道埋深较大,不宜采用浅埋暗挖法的区间隧道部分,应采用盾构法。选择安全性能良好的盾构掘进施工,可以最大限度地降低施工沉降对文物的影响。

三是在靠近敏感建筑物进行盾构施工时,应采取隔断法,即在盾构施工区和被保护建筑之间设置隔断墙可减少施工过程中建筑物的沉降。

2)对施工过程中新发现的文物古迹,开展随工文物的发掘清理工作

施工过程中若发现新的文物遗存,应及时开展随工文物发掘清理工作。开展随工文物发掘清理工作可以对临时发现的文物进行抢救性发掘,及时制定保护措施,将对文物的伤害降到最低。随工文物的发掘清理工作主要包括以下程序:

一是施工过程中一旦发现新的文物古迹,应立即停止施工,采取临时性措施保护好现场,并及时报告文物行政主管部门。

二是让文物部门的技术人员进驻工地,并对文物进行考古勘探。通过考古勘探明确地下埋葬古遗址或古墓葬的规模和分布情况,了解其范围、形制、尺寸、深度、性质等问题,可为后续轨道交通线路和站位调整提供大量资料和依据。

三是配合考古方进行随工文物清理工作。对于规格不高的零星墓葬,进行登记、清理和移除即可;对于具有重要价值的考古发现,通过改变设计方案甚至调整线位等方式对文物遗址进行原址保护。调整后的线网规划方案及站点方案应避免与遗址所处位置直接联系,尽可能远离遗址的核心保护范围;如无法调整站点位置,应修改车站设计方案,使车站与遗址发生交叠区域的面积尽可能小,减少对遗址的不利影响。

4.3.5 验收阶段

轨道交通项目竣工后,建设单位应遵守国家有关建设项目的环境保护验收的

规定，完成验收监测和调查，并主持召开轨道交通项目竣工环保验收会，召集施工单位、环境监理单位、验收调查单位等对项目进行竣工环保验收。

验收调查单位经现场调查后提出有关环境保护和污染防治措施的整改意见，建设单位需要求施工单位整改后方可通过验收。环境监理单位依据环境保护相关法律、法规、标准、环评报告书及批复意见、设计文件及施工合同，环境监理单位对承包单位报送的竣工资料中有关环境保护和生态恢复的内容进行审查，对存在的问题督促整改。

4.4　环境保护自主验收管理制度

4.4.1　全过程验收管理思路

为确保项目顺利通过竣工环保验收，应从项目开工起，就开展全过程的验收管理，通过第三方咨询单位和建设单位共同努力，确保在项目进入验收阶段后，不出现环保措施未落实需补充的情况。

1. 环评阶段

跟踪环保措施的要求，建设单位及设计单位对环评措施进行审核，及时完成对施工单位的环保交底。

2. 施工阶段

跟踪环保措施的落实，由建设单位牵头，施工、监测、监理等单位共同落实环评及其批复提出的各项环保措施。

3. 验收阶段

由验收单位开展竣工环保验收调查，并配合建设单位完成相关手续，流程如图 4.3 所示。

4.4.2　验收调查工作程序

为保证项目完整，避免调查缺失，环保验收调查工作主要分为前期准备、初步调查、编制实施方案、详细调查、编制调查报告 5 个阶段，如图 4.4 所示。编制实施方案、详细调查、编制调查报告为验收工作重点阶段。

1. 前期准备阶段

接受委托后，收集并研读项目相关资料，以了解工程概况和项目建设区域的基本生态特征，明确环境影响评价文件和环境影响评价审批文件有关要求，并依此制定初步调查工作方案。

2. 初步调查阶段

核查工程设计、建设变更情况及环境敏感目标变化情况，以初步掌握环境影响评价文件和环境影响评价审批文件要求的环境保护措施落实情况，与主体工程配套的污染防治设施完成及运行情况，生态保护措施执行情况。主要包含：

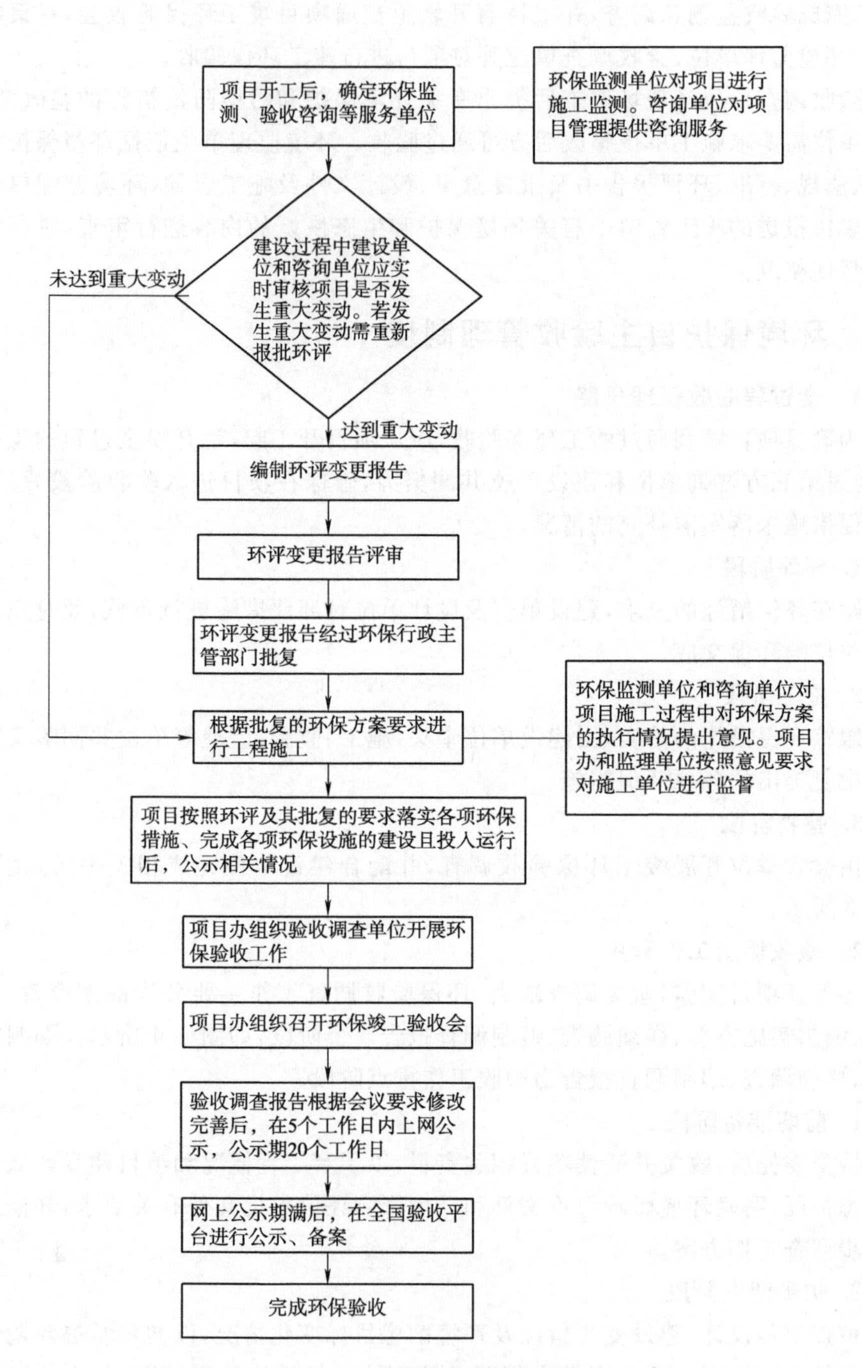

图 4.3　全过程验收管理流程

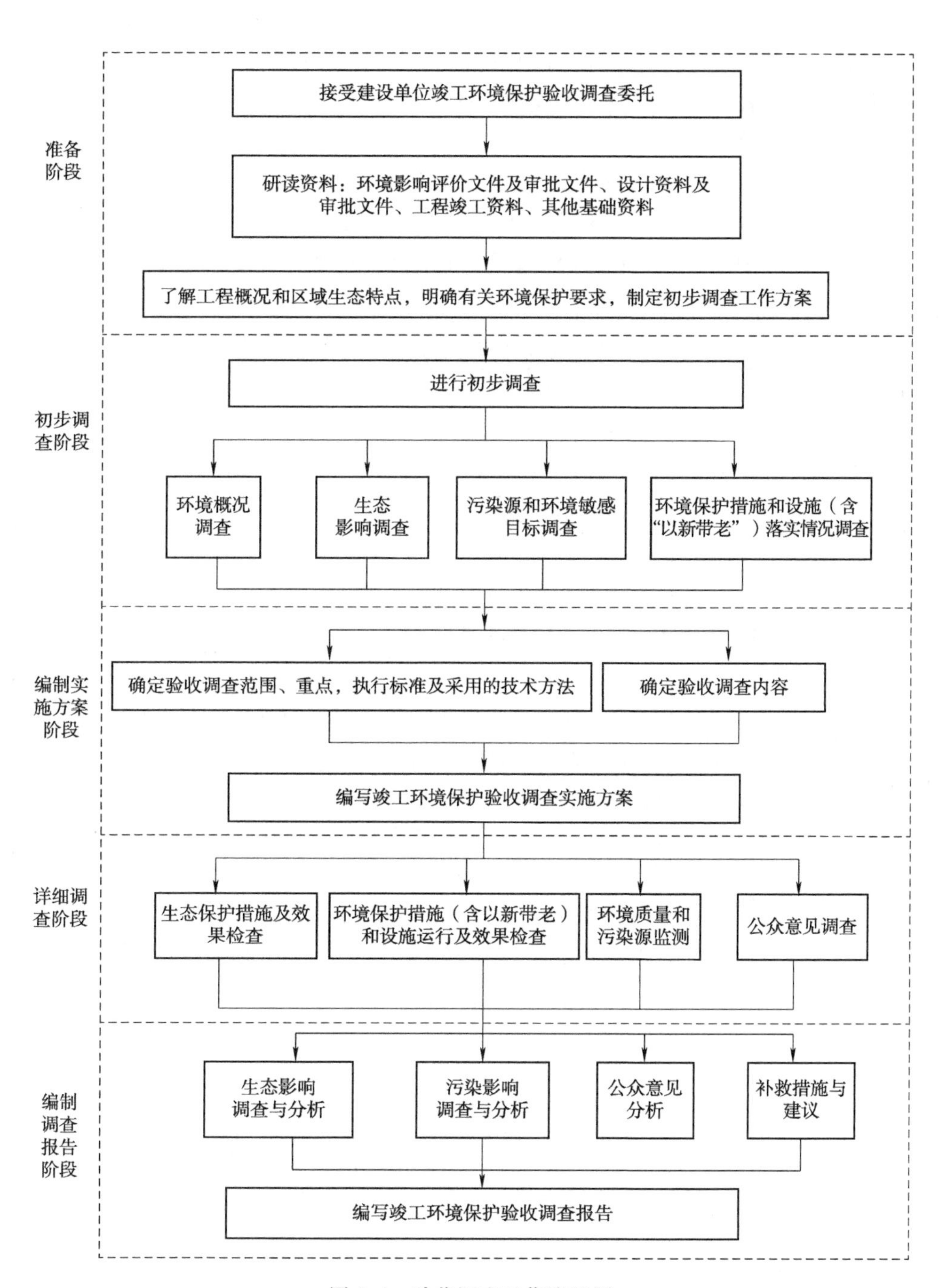

图 4.4 验收调查工作流程图

①现场踏勘

开展工程现场踏勘，了解项目环境概况、生态影响范围，确定污染源和环境敏感目标，初步评估环境保护措施和设施的落实情况。

②批建相符性分析

根据《关于印发环评管理中部分行业建设项目重大变动清单的通知》(环办〔2015〕52号)以及地方政府发布的建设项目环评重大变动清单(表4.6)，属于重大变动的应当重新报批环境影响评价文件，不属于重大变动的纳入竣工环境保护验收管理。

表4.6　江苏轨道交通项目重大变动清单判定表格

性质	主要功能发生变化；主要开发任务发生变化
规模	主要线路长度增加30%及以上
	设计运营能力增加30%及以上
	占地总面积(含陆域面积、水域面积等)增加30%及以上
	配套的仓储设施(储存危险化学品或其他环境风险大的物品)总储存容量增加30%及以上
	新增主要设备设施，导致新增污染因子或污染物排放量增加；原有主要设备设施规模增加30%及以上，导致新增污染因子或污染物排放量增加
地点	项目重新选址
	在原址附近调整(包括总平面布置或生产装置发生变化)导致不利环境影响显著增加
	线路横向位移超出200 m的长度累计达到原线路长度的30%及以上
	位置或管线调整使得评价范围内出现新的自然保护区、风景名胜区、饮用水水源保护区等环境敏感区和要求更高的环境功能区；位置或管线调整使得评价范围内出现新的环境敏感点
生产工艺	施工、运营方案发生变化，直接涉及自然保护区、风景名胜区、集中饮用水水源保护区等环境敏感区，且导致生态环境不利影响显著增加
环境保护措施	施工期或运营期污染防治措施的工艺、规模、处置去向、排放形式等调整，导致新增污染因子或污染物排放量、范围或强度增加；施工期或运营期主要生态保护措施调整，导致生态环境不利影响显著增加；其他可能导致环境影响或环境风险增大的环保措施变动

③公示合规性分析

对工程法律法规、条例、制度等政策的执行情况进行分析，提醒建设单位完成环保设施相关公示：建设项目配套建设的环境保护设施竣工后，公开竣工日期；对建设项目配套建设的环境保护设施进行调试前，公开调试的起止日期。

3. 编制实施方案

①明确调查内容与评估依据

遵照国家和地方有关环境保护法律法规，结合区域环境功能区划的要求，参照环境影响报告书采用的环境标准，在初步调查的基础上确定整个环境保护验收调查工作的总体要求，确定评估依据与技术方法。

②编制监测及验收调查详细方案

确定验收调查内容，编制验收监测方案，编制竣工环境保护验收调查实施方案。

4. 详细调查

调查工程建设期和运行期造成的实际环境影响，并详细核查环境影响评价文件及初步设计文件提出的环境保护措施落实情况、运行情况、有效性和环境影响评价审批文件有关要求的执行情况，同时开展公众调查工作，主要包含：

(1)环境影响及环保措施调查和监测

在资料核查和初步调查基础上，针对竣工后可能存在的环境影响，开展生态环境、声环境、水环境、大气环境和固体废物、振动影响等专项调查和监测。

①生态环境调查：调查工程各类临时占地和永久占地的生态恢复措施落实情况；核实工程线路与水源保护区、风景名胜区、重点保护野生动植物及其栖息地、野生动物通道、基本农田等敏感目标的相对位置、穿越方式、生态保护措施落实情况。

②声环境调查和监测：调查轨道交通工程高架线两侧、风亭附近声环境敏感点分布情况，敏感点建设时序，执行声环境功能区标准情况；施工期高噪声设备隔声、减振等降噪措施的落实情况；沿线声环境敏感点拆迁、搬迁、功能置换措施的落实情况；声屏障措施落实情况，重点关注声屏障类型、安装位置、长度及高度等；声环境敏感点隔声窗安装落实情况、建设年代、规模、层数、建筑类型、与项目线路位置关系；对竣工后工程两侧的环境敏感点现状声环境质量进行监测。

③水环境调查和监测：调查车站、车辆段、停车场污水处理设施建设、运行和排放情况；对涉及饮用水水源保护区的，重点调查工程与其建设时序、相对位置、穿越方式、工程防护和水环境保护措施；对竣工后工程涉及的地表水和地下水体的环境质量进行监测。

④大气环境和固体废物调查和监测：调查车站、车辆段、停车场锅炉设置和废气处理设施建设和运行情况，以及车站、车辆段、停车场产生的一般固体废物和危险废物处理处置情况；对竣工后工程周边的大气环境质量进行监测。

⑤振动影响调查：调查轨道交通工程两侧振动环境敏感点分布情况，敏感点建设时序，执行振动环境功能区标准情况；沿线振动环境敏感点拆迁、搬迁、功能置换措施的落实情况；减振措施的落实情况；对竣工后工程两侧的环境敏感点现状环境振动现状进行监测。

(2)公众意见调查

对周边受影响的公众、单位和当地相关单位、部门进行调查，了解建设项目在不同时期存在的各方面影响和公众对建设项目的基本态度，特别是施工期曾经存在的社会、环境影响问题及目前可能遗留的问题，见表 4.7。

表 4.7 公众意见调查表示例

<table>
<tr><td colspan="9">被邀请调查者的个人信息：(请填写)</td></tr>
<tr><td colspan="2">姓名</td><td></td><td>性别</td><td></td><td>年龄</td><td></td><td>联系电话</td><td></td></tr>
<tr><td colspan="2">文化程度(请√选)</td><td colspan="7">□小学及以下 □初中 □高中 □中专及大专 □本科及以上</td></tr>
<tr><td colspan="2">职业</td><td colspan="7">□工人 □农民 □学生 □公务员 □科教文卫 □个体 □商业 □待业 □其他</td></tr>
<tr><td colspan="2">居住或工作地址</td><td colspan="7">(区) (镇/街道) (村/小区) (号)</td></tr>
<tr><td colspan="9">项目工程概况：</td></tr>
<tr><td colspan="3">环保敏感点名称</td><td colspan="6"></td></tr>
<tr><td>序号</td><td colspan="2">调查内容</td><td colspan="6">态度(请打"√"选择，或填写具体看法和建议)</td></tr>
<tr><td rowspan="2">1</td><td rowspan="2" colspan="2">您认为工程施工期的噪声、振动对您的影响？</td><td colspan="2">严重</td><td>一般</td><td>轻微</td><td colspan="2">无影响</td></tr>
<tr><td colspan="2"></td><td></td><td></td><td colspan="2"></td></tr>
<tr><td rowspan="2">2</td><td rowspan="2" colspan="2">您认为工程施工期的施工扬尘对您的影响？</td><td colspan="2">严重</td><td>一般</td><td>轻微</td><td colspan="2">无影响</td></tr>
<tr><td colspan="2"></td><td></td><td></td><td colspan="2"></td></tr>
<tr><td rowspan="2">3</td><td rowspan="2" colspan="2">您认为工程施工期的废水排放对您的影响？</td><td colspan="2">严重</td><td>一般</td><td>轻微</td><td colspan="2">无影响</td></tr>
<tr><td colspan="2"></td><td></td><td></td><td colspan="2"></td></tr>
<tr><td rowspan="2">4</td><td rowspan="2" colspan="2">您认为工程施工期的生活和生产垃圾的堆放对您的影响？</td><td colspan="2">严重</td><td>一般</td><td>轻微</td><td colspan="2">无影响</td></tr>
<tr><td colspan="2"></td><td></td><td></td><td colspan="2"></td></tr>
<tr><td rowspan="2">5</td><td rowspan="2" colspan="2">本工程建成后，您认为对您的出行有无影响？</td><td colspan="2">无影响</td><td colspan="2">造成不便</td><td colspan="2">更加方便</td></tr>
<tr><td colspan="2"></td><td colspan="2"></td><td colspan="2"></td></tr>
<tr><td rowspan="2">6</td><td rowspan="2" colspan="2">工程建设前、后当地的环境状况有无变化？</td><td colspan="2">变差</td><td colspan="2">基本不变</td><td colspan="2">有所改善</td></tr>
<tr><td colspan="2"></td><td colspan="2"></td><td colspan="2"></td></tr>
<tr><td rowspan="2">7</td><td rowspan="2" colspan="2">试运营过程中对您日常生活、工作造成影响的环境问题？</td><td>噪声</td><td>振动</td><td>风亭异味</td><td>污水</td><td colspan="2">其他(可填写)</td></tr>
<tr><td></td><td></td><td></td><td></td><td colspan="2"></td></tr>
<tr><td rowspan="2">8</td><td rowspan="2" colspan="2">您认为本工程的绿化、景观设计您是否满意？</td><td colspan="2">满意</td><td colspan="2">基本满意</td><td colspan="2">不满意(可填写原因)</td></tr>
<tr><td colspan="2"></td><td colspan="2"></td><td colspan="2"></td></tr>
<tr><td rowspan="2">9</td><td rowspan="2" colspan="2">您对该工程的环境保护工作是否满意？</td><td colspan="2">满意</td><td colspan="2">基本满意</td><td colspan="2">不满意(可填写原因)</td></tr>
<tr><td colspan="2"></td><td colspan="2"></td><td colspan="2"></td></tr>
<tr><td>10</td><td colspan="8">其他环境方面的意见和建议：</td></tr>
</table>

5. 编制调查报告

根据调查情况及监测单位出具的监测报告，对项目建设造成的实际环境影响、环境保护措施的落实情况进行论证分析，针对尚未达到环境保护验收要求的各类环境保护问题，提出整改与补救措施，明确验收调查结论，编制验收调查报告文本，并提交建设单位。主要包含：

(1)竣工环保验收调查报告的编制和校审

按照验收规范要求，进行竣工环保竣工验收调查报告的编制，通过内部三级审核，形成竣工环保验收调查报告。

(2)验收小组会议

协助组织验收小组会议，对小组提出的问题进行整改与回复。

验收工作组由建设单位、设计单位、施工单位、环境影响报告书(表)编制机构、验收报告编制机构等单位代表和专业技术专家组成。

(3)信息公开及备案

通过网络等渠道全本公开环保验收报告，20 个工作日的公示期满后，于 5 个工作日内在全国建设项目竣工环境保护验收信息平台完成备案。

4.4.3 验收调查管控重点

1. 环境管理及环保措施检查

(1)检查建设项目从立项到试生产各阶段环境保护法律、法规、规章制度的执行情况。

(2)检查环境保护审批手续、环境保护档案资料。

(3)检查批建相符性。

(4)检查环保组织机构及规章管理制度。

(5)检查环境保护设施建成及运行纪录。

(6)检查环境保护措施落实情况及实施效果，包括但不限于：项目沿线降噪、减振措施落实情况；沿线动拆迁安置工作完成情况，或沿线敏感建筑物的功能转置实施情况；变电所屏蔽措施的落实情况；废气、废水处理设施的落实及运转情况。

(7)检查环境监测计划的实施。

(8)检查固体废物临时或永久堆场。

(9)检查排污口规范化、列车运行工况。

2. 验收期监测

(1)监测期间工况要求

轨道交通运行时沿线的噪声、振动的验收监测应在正常工作日(周一至周五，不包括节假日)进行，昼间、夜间各选在代表其列车车辆运行平均密度的某一小时监测，如遇突发情况导致列车班次和行车密度发生变化，应停止监测。

若验收监测时列车流量及编组达不到设计目标时，应根据监测值对原设计目标值进行核算。

废水、废气、厂界噪声、电场磁场的验收监测要求在工况稳定、运行负荷达到设计的 75%以上(含 75%)、环境保护设施运行正常的情况下进行,实在达不到 75%的验收工况,要求注明验收时的实际工况。

(2)验收监测的内容

①噪声监测:轨道交通线路、停车场、车辆段、车站两侧及周围敏感点噪声监测,停车场、车辆段、变电站厂界噪声及风亭、冷却塔的边界噪声监测。

②振动监测:轨道交通线路两侧及周围敏感点振动监测。

③电磁辐射监测:变电站、轨道交通线路两侧及周围敏感点电场磁场、无线电干扰监测。

④废气监测:停车场、车辆段内污染物废气排放的监测,食堂饮食油烟监测。

⑤废水监测:生产废水、生活污水中各污染物的监测;各车站生活污水排放污染物的监测(若排入市政污水管网可不进行监测)。

⑥空气质量监测:车站、风亭进出口及车站内空气质量监测。

⑦各项污染物治理设施效率的监测,必要时进行声屏障隔声效果、减振设施的减振效果测试。

⑧环境影响评价报告及批复中特别提出的需现场监测的项目和指标的监测。

(3)监测项目及频次

城市轨道交通建设项目验收基本污染因子、监测项目及频次见表 4.8。

表 4.8　城市轨道交通建设监测项目及频次

类别	测点位置	监测项目	监测频次
噪声	厂界噪声	等效 A 声级,有试车线的厂界:等效 A 声级,持续时间	不少于 2 昼夜,昼夜各 2 次,部分敏感点噪声采用 24 h 连续监测
	敏感点噪声(包括列车运行、风亭、冷却塔、车站噪声)	等效 A 声级 有车时:加测持续时间、最大声级	
	噪声源(必要时测)	等效 A 声级	按频谱测试,传声器应置于距列车运行轨道中心线 7.5 m、高于轨面 1.2 m 处
振动	敏感点振动	有车时:每列车通过时的 VLz_{10},VLz_{MAX};无车时:VLz_{10}	不少于 1 昼夜,昼夜各 1 次,每次测试不少于 5 对列车通过
电磁环境	变电站边界	工频电场强度、工频磁感应强度、无线电干扰、电磁环境、干扰场强	测试 1 次
	地面轨道边界	对沿线开放式接受天线电视机的影响	

续上表

类别	测点位置		监测项目	监测频次
废气	有组织排放源	燃油、燃气、燃煤锅炉	烟尘、二氧化硫、氮氧化物、烟气黑度、燃料含硫量	监测2 d，每天3次，每次1～4个样品
		喷漆车间	苯、甲苯、二甲苯、非甲烷总烃、颗粒物	
	无组织排放源		臭气浓度	每2 h 1次，每天4次
空气质量			总悬浮颗粒物、可吸入颗粒物、氮氧化物、一氧化碳、臭氧	采样时间：TSP、PM_{10}每天至少12 h，连续测3 d；NO_2、CO、臭氧每小时至少45 min或至少每天18 h
废水	污水处理站进出口、外排口		化学需氧量、五日生化需氧量、石油类、pH值、悬浮物、磷酸盐、阴离子表面活性剂、总镉、动植物油、氨氮、苯、甲苯、二甲苯、总铬、六价铬	不少于2 d，每天4次

3. 相关公示的落实

在环保设施建成后的相关时间节点，及时完成公示：

(1)建设项目配套建设的环境保护设施竣工后，公开竣工日期。

(2)对建设项目配套建设的环境保护设施进行调试前，公开调试的起止日期。

(3)在验收会议通过之后，通过网络等渠道全本公开环保验收报告，20个工作日的公示期满后，于5个工作日内在全国建设项目竣工环境保护验收信息平台完成备案。

4. 公众意见调查

公众意见调查实施方案包括以下几部分：

(1)调查内容

针对施工、运行期间出现的环境问题、环境污染治理情况与效果、项目运行扰民情况征询公众意见和建议。向环保主管部门了解项目建设过程中受到的投诉情况及是否有行政处罚。

(2)调查方法

采用问卷填写、访谈、座谈、网上征询等方式进行。

(3)调查范围及对象

①在环境保护敏感区范围内的居民、工作人员、管理人员等相关人员，根据敏感点距工程的远近及影响人数分布，按一定比例进行随机调查。

②受项目影响的单位。

③环保主管部门。

5　环境保护一体化管理平台

5.1　环保数字化管理架构

环保数字化管理遵循环保相关质量体系文件，基于标准化管理思想，实现以信息平台流程管理为核心的全方位管理，达到“更快捷”“更全面”“更智慧”“更高效”的目的。将项目环保相关内容及信息有机结合起来，采用先进的计算机网络技术、数据库技术和标准化的管理思想，组成一个全面、规范的管理体系。同时提供移动数据功能，可以远程实现现场把控、报告审核及信息查询等功能。加强质量保证体系，加强协同工作能力，以更加精细和动态的方式推动项目环境管理和决策，提升项目环保形象和办公效率。

环保数字化管理的总体架构包括：收集层、传输层、平台层和应用层。

收集层：利用设备、系统将文件、数据等信息及时上传平台，实现“更快捷的数据共享”。

传输层：利用专网、互联网，结合 4G 等技术，将个人电子设备、项目信息系统中存储的环境信息进行交互和共享，实现“更全面的互联互通”。

平台层：以云计算、虚拟化和高性能计算等技术手段，整合和分析环境信息，实现海量存储、实施处理、深度挖掘和模型分析，实现“更智慧的解读问题”。

应用层：通过信息平台反馈的信息，得到更加准确的环境质量、污染源的信息详情，采取相应解决措施，实现“更高效的污染防治”。

5.2　环保数字化管理功能

5.2.1　功 能 划 分

环保数字化管理平台各部分功能划分情况如图 5.1 所示。

5.2.2　环保规建管理功能

该模块主要用于城市轨道交通工程项目整体环保相关文件、批复、材料等的收集与共享，主要包括环境影响报告书、环境影响报告书批复、施工单位水土保持方案、施工单位水土保持方案批复、各单位环境监测方案、施工方案及各单位环保相关审核意见等。

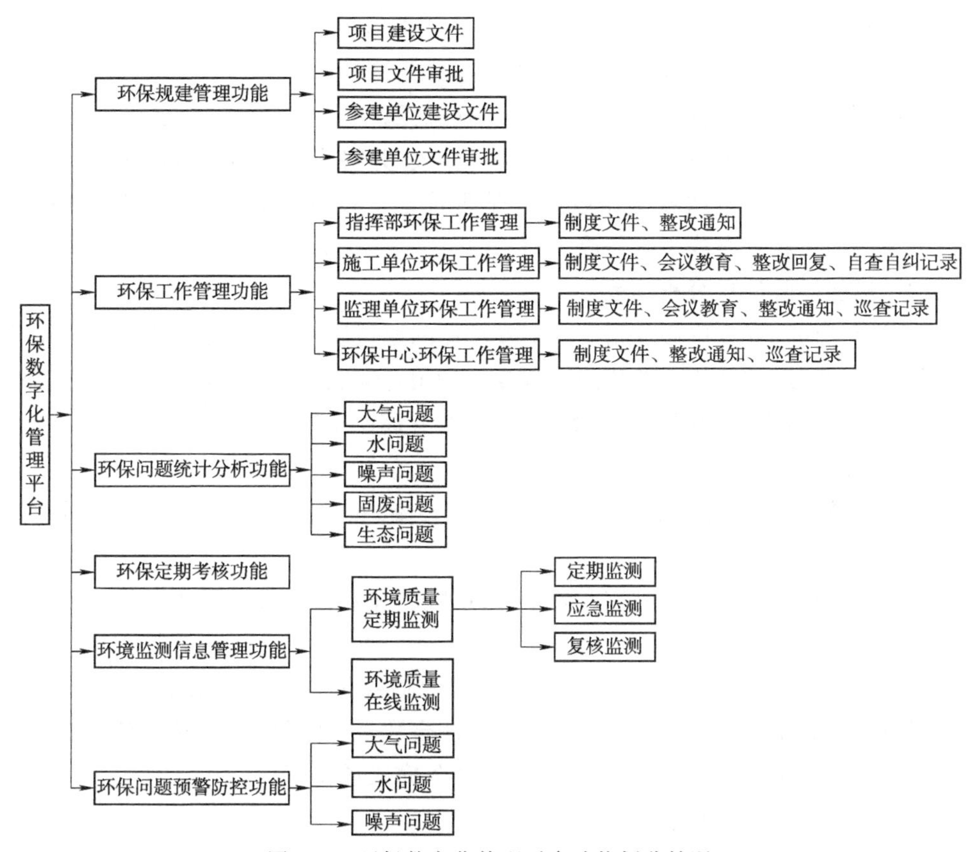

图 5.1 环保数字化管理平台功能划分情况

操作流程:将文件上传系统并通知相关人员查阅;相关人员对已发布文件进行查阅,并进行批注。

5.2.3 环保工作管理功能

1. 指挥部环保工作管理

收集与共享指挥部发布的环境管理目标、要求、制度等文件。

2. 施工单位环保工作管理

收集与共享施工单位内业资料,外业自查自纠记录,对总监办等其他上级单位下发整改任务的回复等。

3. 监理单位环保工作管理

收集与共享环保监理内业资料,外业检查记录,对施工单位下发整改通知任务、环保计量等。

4. 环保中心环保工作管理

收集与共享环保中心内业资料,外业检查记录以及下发的整改任务等。

操作流程：

(1)由相关人员将文件上传系统，并发起任务流程；

(2)相关人员对文件进行审核，上传审核意见；

(3)相关人员对上级单位审核意见进行修改，并将修改内容上传系统；

(4)经审核人员再次核实修改内容是否符合审核意见要求后，点击同意或退回，进入文件正式发布或再次修改工作。

5.2.4 环保问题统计分析功能

统计总监办、环保中心及指挥部下发环保问题整改任务数，统计政府单位相关问题整改任务数；统计施工单位问题整改任务闭合情况；统计大气污染、噪声污染、水污染、固废、生态污染问题数量等，作为年度考核评比依据。

操作流程：

(1)由总临办、环保中心及指挥部按大气污染、噪声污染、固废污架、水污染四大类下发整改任务；

(2)施工单位根据已下发整改要求进行整改，并将整改成果以文字及图片形式上传系统；

(3)由总监办、环保中心及指挥部核实整改内容是否符合整改意见要求后，点击同意或退回，由系统统计整改任务数量及闭合数量，并形成统计表或统计图；

(4)各单位可随时查看系统，了解每个任务完成进度情况。

5.2.5 环保定期考核功能

1. 考核依据

考核系统针对每月、每季、每年各施工单位及总监办环保工作情况自动生成分数，具体依据如下：

(1)考核系统通过环保问题统计分析系统得出结论进行自动打分，此项占总分60%。其中，总监办下发问题整改数每个问题扣1分，环保中心、指挥部下发问题整改数每个问题扣2分，政府相关职能部门下发问题整改数每个问题扣5分；施工单位按照整改要求在规定时间内完成整改不加分，未完成整改扣2分。

(2)环保中心月度、季度、年度环保检查考评分数，此项占总分40%。

(3)通过各项指标所占比重对上述两类评分进行统计计算，从而得到各单位月度、季度及年度环保工作分数，从而判定该单位在该时间段内环保工作是否到位，为项目年度综合考评提供依据。

2. 操作流程

(1)环保中心定期将月度、季度、年度环保检查考评分数上传系统；

(2)由系统根据上述评分方式自动生成分数。

5.2.6 环境监测信息管理功能

对施工单位环境质量定期监测数据、在线监测数据，总监办环境质量复核监测数据、环境突发事件监测数据及环保中心监督性监测数据进行集中管理，为工程开展各项工作提供数据支撑。

监测数据综合管理包括施工单位监测数据、总监办监测数据及环保中心监测数据三部分。施工单位监测数据主要是指施工单位监测工作产生的监测数据，包括大气环境监测数据、噪声环境监测数据、地表水环境监测数据、生活污水监测数据及大气、噪声、地表水、生活污水在线监测数据等。总监办监测数据包括针对施工单位监测数据异常指标的复核监测工作产生的监测数据及环境突发事件应急监测数据。环保中心监测数据包括针对各施工单位监测内容进行的环境质量监督性监测数据等。

1. 环境质量定期监测

1)环境质量定期监测板块

该板块工作主要由施工单位实施，实施主要包括：环境监测计划，环境监测报告，环境监测数据形成线性图(可按监测时段关联对应施工进度)。

具体要求如下：

(1)施工单位应严格按照《环境影响报告书》及各施工单位《环境监测方案》要求对施工现场大气环境、噪声环境、地表水环境及生活污水进行定期环境监测，并及时编制检查报告上报环境质量定期监测系统，保证数据的准确性、真实性、及时性、完整性，同时对监测结果进行分析，对超标指标进行整改。

(2)施工单位应对总监办及环保中心反馈信息及时整改，并将整改情况上报总监办及环保中心。

2)环境质量监督复核监测板块

该板块工作主要由总监办及环保中心实施。

(1)总监办环境质量定期监测板块

主要包括：环境监测计划，环境监测报告，环境监测数据形成线性图(可关联对应施工进度)。

具体要求如下：

①总监办及时关注系统中施工单位上报材料，对监测数据进行分析，与现场状况进行对比，核实数据的准确性、真实性、及时性、完整性。

②如发现监测数据异常或与现场实际环境状况不对应情况，应对异常指标进行复核监测，核实施工单位监测数据的准确性。

③若监测数据异常应立即将实际情况反馈施工单位要求其核实、整改，同时将现场状况及整改情况上报环保中心。

④总监办需对环境突发事件进行环境监测工作，并将监测数据及时上传环境质量定期监测系统，保证数据及时、有效的传递指挥部及各参建单位。

(2)环保中心环境质量定期监测板块

主要包括：环境监测计划，环境监测报告，环境监测数据形成线性图(可关联对应施削度)。

具体要求如下：

①环保中心需严格按照《环境影响报告书》及《环保中心环境监测方案》要求对施工现场大气环境、噪声环境、地表水环境及生活污水进行定期环境监测，并及时编制检查报告上报环境质量定期监测系统，保证数据的准确性、真实性、及时性、完整性，同时对监测结果进行分析，将超标指标通知施工单位进行整改，并要求总监办进行监督。

②环保中心需对施工单位《环境检测报告》数据进行比对，核查其数据的准确性、真实性、及时性、完整性。如发现误差处，需对误差数据进行比对、分析，确定监测数据出错原因，并要求施工单位重新监测核实。

③环保中心需对施工单位及总监办所上报现场环境问题进行分析并现场核实，提供环境整改措施建议，同时将现场情况及时上报指挥部。

操作流程：

①由施工单位、总监办及环保中心定期上传监测数据；

②系统根据各单位所上传数据自动生成线形图；

③各单位相关人员可随时查看监测数据及数据走向，从而对现场环境质量进行把控。

2. 环境质量在线监测

该系统主要数据主要由施工单位进行实时上传，总监办及环保中心主要负责对数据的监督把控，及时发现数据异常问题，避免环境污染事件发生。

1)施工单位环境在线监测数字化管理

(1)需依照《污染源在线自动监控(监测)系统数据传输标准》和《环境监测数据对接接口标准》要求将环境监测数据实时推送至环境质量在线检测系统。

(2)保障推送数据的准确性、真实性、及时性、完整性。

(3)推送的环境监测数据主要内容

①大气环境：$PM_{2.5}$、PM_{10}、风速、风向、温度、湿度；

②噪声环境：噪声；

③生活污水：化学需氧量(CODCr)、氨氮(NH3-N)、总磷(TP)、总氮(TN)、pH值；

④地表水环境：pH值、COD、氨氮、悬浮物、石油类、溶解氧。

(4)需保障环境监测设备数据采集软件、数据对接传输软件的稳定运行。

(5)实时关注在线监测数据变化,如发现监测数据出现异常、超标的现象,需第一时间进行现场检查,排查数据异常原因并进行整改,同时将现场状况上报总监办及环保中心。

2)总监办环境在线监测数字化管理

总监办应实时关注环境质量在线监测系统中施工单位环境在线监测数据,并通过数据反馈信息对现场环境状况进行分析,如发现数据异常或现场环境状况反映不及时,应立即向施工单位进行询问,并对现场进行检查,同时将现场状况及原因上报环保中心。

3)环保中心环境在线监测数字化管理

环保中心需及时对施工单位及总监办上报信息进行分析,并进行现场核实工作,如发现现场环境出现污染等情况,立即通知施工单位进行整改,并要求总监办对施工单位整改情况进行监督,同时将环境污染原因、整改情况上报指挥部。

操作流程:

(1)在线监测数据实时传送至系统;

(2)系统根据所上传数据自动生成线形图;

(3)各单位相关人员可随时查看监测数据及数据走向,从而对现场环境质量进行把控。

5.2.7 环保问题预警防控功能

通过多种环保虚拟仿真算法,地理信息系统于一身的“环境预警预报系统”提供了多个环保领域(水、大气、噪声)的模拟计算,是项目能够对污染事件进行预测判断同时作出相应措施,将污染事件扼杀在萌芽状态。

该模块可关联视频监控设备及现场污染防控设备,当系统通过监测、计算发现现场环境指标值超过预设标准值时,根据不同应急响应程度发出预警通知相关人员,同时自动启动现场污染防控设备,多层面有效抑制环境污染的发生。

大气环境在线监测装置监测频次为每 5 min 监测一次,监测数据连续超过预警标准限值六次即定义为发生环境污染事件。大气环境污染标准可分为以下四类:

一级响应(环境突发事件):超过标准限值 5 倍,即 5 000 $\mu g/m^3$。通知环保局、指挥部、环保中心、总监办及施工单位。

二级响应(环境污染重大事件):超过标准限值 3 倍,即 3 000 $\mu g/m^3$。通知指挥部、环保中心、总监办及施工单位。

三级响应(环境污染一般事件):超过标准限值 2 倍,即 2 000 $\mu g/m^3$。通知总监办及施工单位。

四级响应(环境污染普通事件):超过标准限值,即 1 000 μg/m³。通知施工单位。

大气污染应急防控设备:施工单位统一采购在线监测及自动化降尘措施一体化设备,该设备具有手(自)动控制降尘治理设备功能,可根据现场监测数据达到已设定不同程度的污染标准限值,自动采取不同程度的降尘措施,当 PM 值达到设定上限时自动启动一处或者多处雾炮、塔式起重机喷水系统、围墙喷淋系统,对现场环境进行雾化喷淋降尘措施;当 PM 值达到设定下限值时自动关闭喷淋系统,有效抑制扬尘污染,降低环境影响程度,避免环境污染事故发生。

5.3 环保数字化管理作用

(1)提升项目环保信息化管理的能力,规范管理程序,为数据收集、数据处理、数据审核、数据上报、数据应用提供信息化平台,实现移动环保工作管理,以信息化带动项目施工作业的质量与效率,提升环保相关内容综合利用能力。

(2)为环保质量控制提供信息化手段,规范数据产生、数据处理、数据审核的质量控制流程,保障环保资料的实效性和正确性,并对环保数据进行综合分析,说清环境质量状况。

(3)通过环保数字化管理模块,实时监控施工现场大气环境情况、噪声环境情况及水环境情况,与对应施工进度、节点进行比对,得到当前施工进度、节点对周围环境的影响,从而对环境影响程度进行把控、分析,及时采取有效措施,降低环境影响程度,避免环境污染事故发生。

(4)通过“环保问题预警防控功能”中所制定的不同响应程度,采用数字化自动管理模式,对现场环境污染及时采取相应措施,有效治理环境污染,降低环境影响程度,将污染事件扼杀在萌芽状态。

6 城市轨道交通工程中太阳能光伏板的应用

6.1 太阳能光伏板应用意义和现状

1. 太阳能光伏板应用的意义

(1)太阳能光伏发电系统的优势和特点

作为最有发展潜力的新能源,太阳能是一种取之不尽、用之不竭的天然能源,是满足可持续发展需求的理想能源之一。目前,我国光伏产业已经开始走上了自主研发新技术的道路,太阳能光伏发电技术已经成熟、可靠、实用,其使用寿命已经达到25～30年。相对于其他发电系统,太阳能光伏发电具有多种优势:一是没有转动部件,不产生噪声;二是没有燃料使用和燃烧过程,不产生废气和废水;三是太阳能电池组件和建筑物一体化建设,不新增占地,不破坏土地植被;四是维修保养简单、维护费用低;五是作为关键部件的太阳能电池使用寿命长,而且根据需要能够快速增产和扩大发电规模。

综上所述,光伏发电系统具有节能环保、保护和节约土地、灵活配置发电容量的优势和特点。

(2)国家及地方对太阳能光伏产业的政策扶持

根据《可再生能源中长期发展规划》,到2050年我国力争使太阳能发电装机容量达到600 GW,将占全国电力装机的25%;未来十几年,我国太阳能装机容量的复合增长率将高达25%以上。《江苏省"十四五"可再生能源发展专项规划(征求意见稿)》指出,要充分发挥太阳能资源丰富、分布广泛的特点以及省开发利用基础较好的优势,以提供绿色电力等为重点,坚持分布式与集中式光伏发电并举,注重因地制宜,优先推动光伏发电就近开发利用,积极推动光伏发电与常规能源体系相融合,稳步推进太阳能多元化、广范围、高效率利用。到2025年,全省光伏发电新增约900万kW,新增投资约300亿元;全省光伏发电装机达到2 600万kW。

此外,国家发展改革委印发的《关于2020年光伏发电上网电价政策有关事项的通知》公布了2020年最新光伏发电上网电价政策:采用"自发自用、余量上网"模式的工商业分布式光伏发电项目,全发电量补贴标准调整为每千瓦时0.05元;采用"全额上网"模式的工商业分布式光伏发电项目,按所在资源区集中式光伏电站指导价执行。可见国家根据光伏发电发展规模、发电成本变化情况等因素，逐步调减光伏电站标杆上网电价和分布式光伏发电电价补贴标准，以促进科技进步，降低成本，提高光伏发电市场竞争力。

综上所述，无论在宏观政策还是具体扶持政策方面，国家和地方政府均对光伏发电项目予以高度支持。太阳能光伏项目属国家可再生能源项目中鼓励类项目，因此大力发展太阳能光伏系统是保证我国能源供应安全和可持续发展的必然选择。

(3)城市轨道交通工程运用光伏发电系统的意义

城市轨道交通作为大城市发展公共交通的首选，具有安全舒适、快速环保、运力大的特点，但由于能源消耗总量巨大，成为城市能耗重点关注对象之一。轨道车辆主要以电力作为能量来源，而我国超过 80%的电能来自火力发电，同时“富煤、贫油、少气”的能源特点，使得我国近 50%煤炭用于发电，无形中增加了空气中二氧化碳、二氧化硫、粉尘等有害气体的排放量。

2020 年 9 月和 12 月，习近平总书记分别在第七十五届联合国大会和气候雄心峰会上郑重提出：“中国二氧化碳排放力争于 2030 年前达到峰值，努力争取 2060 年前实现碳中和。”2021 年 3 月 15 日，习近平主席在主持召开中央财经委员会第九次会议发表重要讲话时强调：“要把碳达峰、碳中和纳入生态文明建设整体布局，如期实现 2030 年前碳达峰、2060 年前碳中和的目标。”由此可见，做好碳达峰、碳中和工作是目前政府工作的重点任务之一，也是交通运输行业实现绿色可持续发展的必然使命。

在节能减排的社会背景之下，城市轨道交通若能摆脱传统电网束缚、采用清洁可再生能源为动力，则能更充分地发挥方便人民出行、改善城市环境的作用。为了实现节能减排目标，通过在城市轨道交通项目中建设光伏发电站，一方面能改变地铁供电电源结构，缓解城市供电压力；另一方面能通过减少污染排放，实现轨道交通可持续发展，是轨道交通建设一项重要突破。因此，将太阳能光伏发电系统和城市轨道交通建设结合起来，利用太阳能向城市轨道交通工程提供电源，符合国家节能降耗的要求，也是降低城市轨道交通运营成本的需要，更是指导省提前实现碳达峰目标的需要。

2. 国内外应用现状

目前，国内已有多个将太阳能光伏发电系统应用于城市轨道交通项目的成功案例：

(1)上海地铁 11 号线北段川杨河车辆段、南段治北车辆段和 12 号线金桥车辆段，引入了分布式光伏发电技术，并网接入到段内地铁供电网络，总安装容量约为 10 MWp，采用与屋面一体化的平铺设计；

(2)北京地铁14号线张郭庄站为国内首座屋顶太阳能光伏发电地铁站，装机容量为60 kW，承担了地铁张郭庄站大约1/3的日用电量；

(3)广州地铁5号线在鱼珠车辆段运用库、主检修库等共计约7万 m^2 的屋面安装了太阳能光伏发电设备，采用自发自用、余电上网模式，安装容量5 MW，是目前国内规模最大的结合地铁交通的分布式光伏电站；

(4)石家庄市城市轨道交通1号线利用西兆通综合维修基地内运用库厂房及联合检修库厂房屋顶布置光伏组件，安装容量约为1 MW，可每小时提供1 000度电，为车辆段自身运行以及维修基地提供充足的电量，剩余电量计划还将传送到地铁电网，为1号线机车提供用电服务。

以上工程的应用实践，是“光伏＋地铁”应用的典范，为太阳能光伏发电技术与城际轨道交通的结合提供了很好的借鉴。

6.2　太阳能光伏发电系统简介

1. 太阳能光伏发电系统的组成

太阳能光伏发电系统主要通过太阳能电池方阵在光照条件下产生直流电，直流电通过逆变器转换成交流电后并入低压或中压电网。太阳能光伏发电系统主要由太阳能电池方阵、蓄电池组、控制器、逆变器及相关附属设施组成，系统构成如图6.1所示。

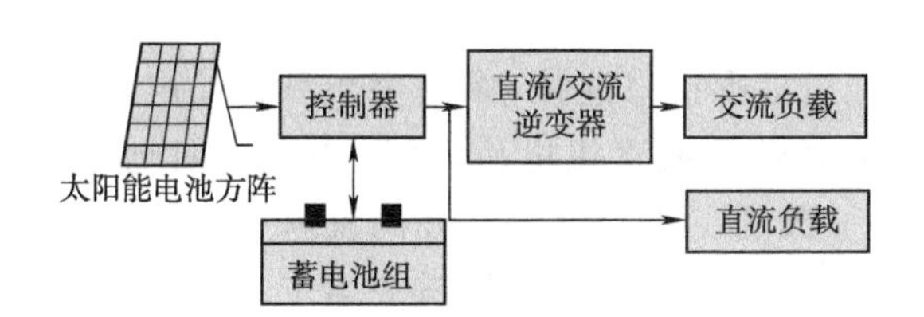

图6.1　太阳能光伏发电系统构成

(1)太阳能电池方阵

太阳能电池方阵是由若干个太阳能电池组件或太阳能电池板构成的直流发电单元，在机械和电气上按一定方式组装在一起，并且具有固定的支撑结构。太阳能电池方阵是太阳能光伏发电系统的核心，也是价值最高的部分，其作用是将太阳辐射能量转化为电能。

(2)蓄电池组

蓄电池组用在独立太阳能光伏发电系统中，用来储存太阳能电池方阵受光照时所发出的电能，并可随时向负载供电。并网太阳能光伏发电系统不需要蓄电池组，直接与供电网络并网供电。

(3)控制器

光伏控制器是太阳能光伏发电系统的关键部件之一，也是平衡系统的主要组成部分，其作用是控制整个系统的工作状态。光伏控制器的功能主要有：防止蓄电池过充或过放电保护、系统短路保护、系统极性接反保护、夜间防反充保护、防雷击引起的击穿保护、温度补偿以及显示光伏发电系统的各种工作状态。

(4)逆变器

逆变器是将太阳能光伏组件所产生的直流电能转化为交流电能的转换装置，它使转换的交流电的电压、相位、频率等电气特性满足各种交流用电装置、设备供电及并网需求。

(5)相关附属设施

附属设施包括直流配线系统、交流配线系统、运行监控和检测系统、防雷和接地系统，是太阳能光伏发电系统必不可少的组成部分。

2. 太阳能光伏发电系统的类型

太阳能光伏发电系统分为独立光伏发电系统(也叫离网发电系统)和并网光伏发电系统。

(1)独立光伏发电系统

即在自己的闭路系统内部形成电路。独立光伏发电系统是把太阳辐射能量直接转化为电能供给负载，并将多余的电能以化学能的形式储存在蓄电池内。

(2)并网光伏发电系统

即和公用电网通过标准接口连接，像一个小型的发电厂。并网光伏发电系统将接收的太阳辐射能量转换成直流电后，经过逆变器向电网输出与电网电压、相位、频率等电气特性一致的正弦交流电。并网发电系统较独立发电系统省掉了蓄电池，从而使发电成本大幅降低。针对轨道交通工程并网光伏发电系统有低压并网和中压并网两种方案。

①低压并网方案：低压并网系统通常应用在系统装机容量较小或光伏组件安装场地面积有限的地方，在轨道交通工程中高架站宜采取低压并网方式；光伏发电系统分别接入变电所低压侧两段母线上，并设置防逆流装置，避免对高压侧保护装置造成干扰。依据轨道交通低压负荷容量及等级要求，建议低压并网系统关键给车站二、三级负荷供电，如正常照明、路灯照明、广告照明和通常动力等负荷。

②中压并网方案：中压并网系统通常应用在系统装机容量较大或有足够场地安装光伏组件的地方，在轨道交通工程中车辆段、停车场宜采取中压并网方式，该并网方法和逆变器的匹配更佳，可提升逆变器的转换效率。并网系统经过升压变压器接入 35 kV 中压环网，光伏发电系统分别接入车辆段变电所 35 kV 侧两段母线。

3. 太阳能光伏组件与建筑结合方式

太阳能光伏组件与建筑结合方式，有两种方案可供选择。

第一种方案是建筑和光伏系统结合，也称光伏附着设计，即 BAPV 结合方法，不需要改变建筑物本身，只需将组件固定在建筑物上，即在建筑物上铺一层光伏组件，如图 6.2 所示。该方案适应面广，新旧屋顶均可安装，光伏组件选择的通用性强，不用特殊定制，组件可按最佳角度安装，光伏发电成本相对较低。

图 6.2 图 1 BAPV 结合方案实例

第二种方案是经过专门的设计，实现建筑和光伏组件的良好结合，太阳能光伏组件兼作建筑材料，光伏组件成为建筑顶棚不可分割的一部分，也称为光伏和建筑的一体化集成设计，即 BIPV 结合方法，如图 6.3 所示。BIPV 方案是将光伏组件作为一种建筑材料应用在建筑物上，是集发电、隔音、隔热、安全和装饰功能为一体的新型功能性建筑形式。BIPV 使建筑物整洁且有线条感，整体性效果更好；既增加了建筑的透光率，又有良好的遮阳效果，可以突出建筑物的美学光影关系，体现节能减排的观感效应，增强再生能源的可持续性发展。

图 6.3 BIPV 结合方案实例

6.3 轨道交通运用光伏发电系统需满足的基本条件

1. 气象条件

轨道交通车辆段等建筑所在地需要日照条件充足，日照系数高，年日照时间长。光伏发电系统设置的位置应综合考虑车辆段等建筑周边的光照环境，组件的布置需要避开或远离遮荫物。需综合考虑建筑结构具体形式及当地最佳的倾角及朝向来确定光伏组件安装的最优倾角及朝向，使光伏组件发电量达到最大。

2. 环境条件

轨道交通的建筑在地上，且地上面积足够大，能够安装满足用电容量需求的太阳能电池板、蓄电池等发电设施。光伏组件的设计应与建筑单体相结合，并与建筑物屋顶形式相协调，满足安装、清洁、维护的要求。

3. 用电负荷条件

根据不同用途及性质，城市轨道交通用电负荷可分为3类：

(1)轨道交通车辆牵引供电负荷：该类负荷主要是向轨道交通车辆提供驱动电源及车体内部的低压机电负荷电源，所需容量最大，一般一个牵引变电所约在2×2 500～2×3 000 kVA左右。

(2)轨道交通运营动力负荷：该类负荷主要是车站及区间内为保证地铁正常、安全运营而所需的一些机电设备、通信信号设备、监控设备等，其负荷容量较大，每座地下车站约在1 000～1 200 kW；高架车站约在200～350 kW。

(3)轨道交通运营照明负荷：该类负荷主要是运营所需的各类正常照明、应急照明、指示照明、广告照明等，其负荷容量较小，每座地下车站约在200～300 kW；高架车站约在120～180 kW。

从负荷分类可以看出，牵引负荷用电不仅容量大，且是行车负荷，必须有极高的可靠性；动力负荷中部分为行车及消防负荷，容量也较大，可靠性也必须保证；照明负荷中的应急照明，该部分容量很小，但可靠性必须保证；车站内的三级负荷、正常照明和一般的机电负荷，不影响行车及消防，供电可靠性要求较低。因此，从用电负荷重要性角度，实现光伏发电系统在轨道交通工程中的应用必须保证以上用电负荷的高可靠性。

6.4 太阳能光伏发电系统在城市轨道交通中的应用实践

1. 车辆段及停车场应用方案

以南京至句容城际轨道交通工程为例，宁句城际设有句容车辆段和东郊小镇停车场。其中句容车辆段设置有检修库、运用库、办公楼、食堂及物资总库等房屋若干，可供安装光伏板的库面积约为 81 000 m^2；东郊小镇停车场设置有停车列检库、综合办公楼以及材料库及洗车库等房屋若干，可供安装光伏板的库面积约为 28 000 m^2。这些建筑普遍面积大、屋顶开阔，非常适合设置太阳能电池板。按目前的技术条件，每平方米太阳能电池板的安装容量可达 100 W 左右，能有效利用太阳能发电的建筑屋顶利用率按 50%计算，则句容车辆段和东郊小镇停车场的总装机容量可达 5.45 MW。有效面积可完全参照铁路火车站的模式设置成并网发电系统。光伏发电系统不仅向车辆段、停车场内用电负荷供电，还可将富裕能量完全输入轨道交通供电系统中压电网，向其他负荷提供光伏电源。

此外，车辆段及停车场内道路较多，道路照明一般采用灯杆照明，该部分灯杆照明完全可采用独立光伏电源系统的灯杆照明，灯杆和太阳能电池板、逆变器、蓄电池等整体设计，并设置时间或亮度控制模式，根据需要完成灯杆的照明。目前市政工程已普遍采用该种照明方案，轨道交通工程中北京地铁 15 号线马泉营车辆段室外路灯已采用该方案，目前已成功运行，效果良好。

2. 高架车站及高架区间应用方案

(1)高架车站应用方案

高架车站一般分 2 层，站厅层为地上 1 层，站台层为地上 2 层，部分车站还有 3 层或单独的设备层。宁句城际全线设有 6 个高架站，其中东郊小镇站、宝华山站和杨塘路站是高架 3 层，侯家塘站、汤泉西路站和黄梅站是高架 2 层，高架车站整体建筑面积在 5 000～6 500 m^2 不等。由于站厅层、设备层均与太阳光照不接触，所以该部分面积不能作为太阳能光伏发电系统的有效利用面积，只有车站屋顶及周围的围墙可考虑使用，这部分面积在 1 000～1 500 m^2 左右。考虑车站的位置，太阳光照射方向以及所处地区，能有效利用的面积仅 800～1 200 m^2 之间。以 1 000 m^2 有效面积，每平方米太阳能电池板的安装容量可达 100 W 计算，则宁句城际 6 个高架车站的装机容量可达 0.6 MW。这些电能完全能够满足高架车站的照明及三级负荷用电。

高架车站因考虑到白天还需将太阳光引入建筑内进行自然光照明，故利用车站四周墙面的面积不多，最合适的还是利用车站屋顶放置太阳能电池板，在设备房间内设置蓄电池储能装置。

(2)高架区间应用方案

宁句城际线路在市区内一般为地下走线，在郊区及进出车场的区段为地面及高架走线，地面及高架区间内主要有区间照明和区间检修负荷，这两种负荷均在线路故障或者平时检修时使用，负荷容量不大。对于高架区间照明负荷，完全可采用灯具和光伏发电系统整体结合的模式进行设计，灯具各自独立成一套系统，互不影响。对于采用三轨供电的线路，完全可以将灯具、电池板安装在高架桥梁梁翼上方顶部；对于采用架空接触网供电的线路，灯具、太阳能电池板等均可结合接触网支柱一体安装，既方便安装又充分利用了接触网支柱。

3. 光伏声屏障发电系统应用方案

宁句城际在部分高架路段和场段存在噪声敏感点，需设置声屏障。根据当前技术条件，宁句城际可以在沿线安装光伏声屏障列。由于光伏声屏障组件是声屏障系统和光伏发电系统的共有部件，不能单独施工，因此必须与轨道交通公司的声屏障工程同步施工。

采用光伏声屏障必须满足以下要求：光伏声屏障安装点周围没有可能造成阴影的高层建筑、树木、电杆、烟囱、铁塔等，也无鸟害的影响，虽然周边公路上的车辆尾气和交通尘埃会对光伏声屏障表面造成一些污染，但由于光伏声屏障的受光面是垂直于地面的，通过雨水清洗，基本能维持自洁，因此影响不大。光伏声屏障发电系统的主体——太阳电池是寄生在声屏障上的。就太阳电池组件安装形式而言，由于没有采用传统的太阳电池方阵支架，而是嵌合在声屏障框架上，可以说是一种典型的建筑一体化太阳电池。

建议宁句城际光伏声屏障发电系统采用并网型，其内部由光伏声屏障列、直流汇流箱、逆变器、交流保护开关装置和计量仪器等构成，如图 6.4 所示。光伏声屏障采用非晶硅太阳电池组件作为光电转换部件，用这种组件代替传统声屏障上的玻璃板，如图 6.5 所示。

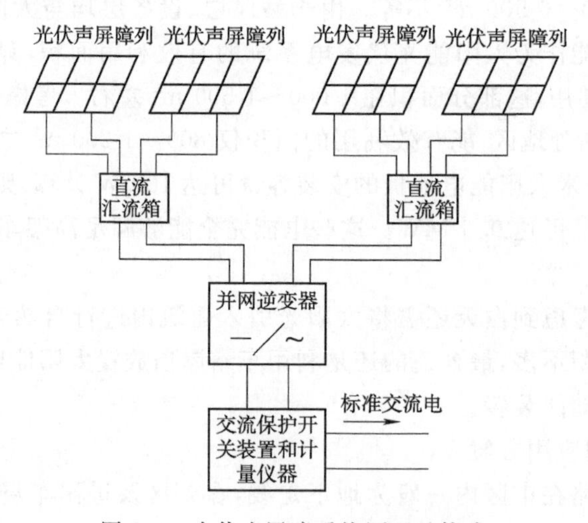

图 6.4 光伏声屏障系统原理及构成

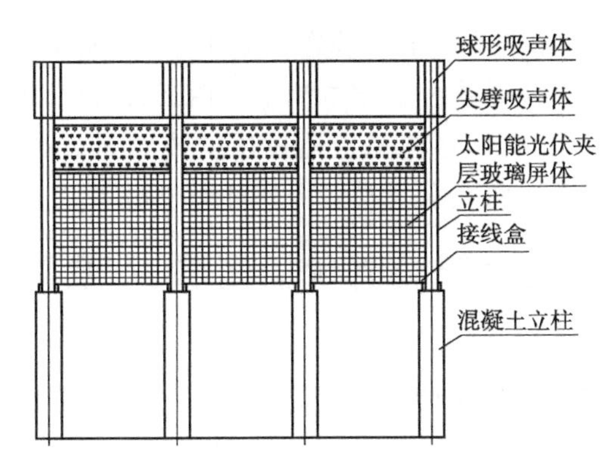

图 6.5　光伏声屏障完成图

4. 控制中心应用方案

南京至句容城际轨道交通工程线路控制中心设于既有灵山站控制中心，灵山控制中心主要管辖南京市城东线路，集中合并设置了 4 号线、7 号线、8 号线、13 号线、14 号线、S5 线、S6 线及预留 1 条线路，共 8 条线的线路控制中心。城轨交通控制中心位于市内交通繁忙的“黄金”地段，地理位置上的优势为其创造商业价值提供了条件。在控制中心靠南的一面墙壁装设太阳能光伏幕墙，并在幕墙上安装 LED 广告牌，白天利用太阳能幕墙吸收太阳能，并将太阳能转换的电能存储于蓄电池组；夜晚蓄电池组释放能量，点亮 LED 广告牌，可以做到既美观又节能环保，而轨道交通公司则可以通过出租或出售广告牌的方式获取商业利益。

5. 地下站出入口集散广场应用方案

宁句城际各个地下站出入口一般包括地面厅室外建筑、室外集散广场，部分车站有自行车停车场及汽车停车位。出入口主要用电负荷是地面厅照明、轨道交通地徽导向照明、自行车停车场及汽车停车位照明。上述照明均为一般负荷，完全可由光伏发电系统提供电源。利用地面厅建筑顶部设置太阳能电池板，采用独立光伏发电系统向地面厅照明及地徽进行供电；集散广场、自行车停车场及汽车停车位可完全采用设置光伏电源照明灯杆的模式，由光伏电源灯杆向上述场所提供电能。

6. 应用形式

鉴于宁句城际车辆段和停车场可安装的光伏发电系统容量较大，建议其应用形式为并网发电，太阳能电池板发出的电能经逆变器和控制器后接入车辆段和停车场的变电所低压母线，这样不仅便于管理维护，而且可以取消蓄电池的配置。白天天气晴朗时，太阳能光伏发电系统发出的电能可供停车场和车辆段部分负荷使用，差额部分从中压环网中获取；夜晚或阴雨天，停车场和车辆段的负荷从中压环网中获取电能。

建议宁句城际太阳能光伏发电系统在控制中心、高架车站和高架区间的应用形式采用离网发电系统，该系统配置蓄电池组。白天天气晴朗时，太阳能光伏发电系统储存能量；夜晚或阴雨天，蓄电池组通过逆变装置向负载供电，当蓄电池组能量耗尽时，由自动转换装置将负载切换到中压环网供电系统。

6.5 宁句城际运用太阳能光伏板经济、社会和环境效益分析

1. 经济效益分析

太阳能是一种清洁、可再生能源，按照 1 MW 的太阳能电池板每年可发电约 1 080 000 kW · h，相当于每年节省 330 t 标准煤，减少二氧化碳排放 795 t。整个光伏发电系统按照 25 年运行周期考虑，系统运行 25 年估计发电总量约 163 350 MW · h，节省总标煤约 49 912.5 t，减排二氧化碳总量约 120 243.8 t。现在太阳能光伏发电系统的市场综合造价指标为 16 元/W，按此指标计算本工程造价约为 9 680 万元；按现在南京地铁运行电价 0.75 元/(kW · h)，本工程投资回收期约为 20 年，25 年内经济收益约为 12 251.25 万元。若考虑政策补助，工程投资的回收期会更短，经济收益也会更高。

2. 社会和环境效益分析

太阳能光伏发电是一个清洁、可再生资源，既不会产生污染物，也不会产生温室气体破坏大气环境等问题，该系统的应用能够响应节能号召，节省煤炭和减排二氧化碳量，主动配合完成节能减排指标，因此环境效益是显著的。城轨交通是一种公共交通工程，客流量相当大，在城轨交通中使用太阳能光伏发电系统能改变地铁供电电源结构，缓解城市供电压力，实现轨道交通可持续发展，对以后太阳能光伏发电系统的推广起到积极的示范作用，因此其社会效益也是显著的。

6.6 宁句城际运用太阳能光伏发电系统需注意的问题

(1)由于声屏障都是垂直立面安装，光伏声屏障的功率利用效率低，如果受光面的法线方向偏离正南太大，则功率利用效率更低，因此光伏声屏障在设计和选址时应慎重考虑系统的性价比。

(2)太阳能光伏发电系统是依赖或依附于城市轨道交通的一种新能源利用形式，其主体是车站，客体是光伏系统。因此，光伏发电系统应以不损坏和影响车站建筑整体效果、结构安全、功能及使用寿命为基本原则。

(3)为保证发电量，光伏组件应选择在夏至日和冬至日均可接收到太阳光的区域安装，尽量减少阴影对发电量的影响。作为一般设计原则，从上午 9 点至下午 3 点没有阴影为好。

(4)由于停车场、车辆段的检修库及高架车站的屋顶采用轻型材料制作，若在

屋顶上安装太阳能电池板，由于电池板重量较大(25 kg/m^2)，需在初期设计时加大结构柱的尺寸，且钢架屋顶和屋面都要做相应处理，由此带来一定的工程造价增加。

(5)废弃蓄电池和太阳能电池板内含有大量有害物质，处理不好会污染环境。

6.7 小 结

轨道交通近年来迅速发展，与以往工程相比，未来项目更注重节能减排和降耗，利用新技术新能源是重点研究与发展的目标。将光伏发电系统与轨道交通工程结合起来，实现了绿色能源为绿色交通赋能，有助于提前实现碳达峰目标。因此光伏发电技术在城市轨道交通工程中的应用值得推广。

7 城市轨道交通社会环境经济技术效益

7.1 城市轨道交通工程环境经济技术效益分析及意义

城市轨道交通工程环境影响经济损益分析的主要任务是衡量工程需要投入的环保投资所能收到的环境保护效果，通过综合计算环境影响因子造成的经济损失、环境保护措施效益以及工程环境效益，对环境影响做出总体经济评价。因此，在环境影响经济损益分析中除需计算用于控制污染所需的投资和费用外，还要核算可能收到的环境与经济实效。

城市轨道交通建设工程对沿线区域的社会环境和经济发展具有较高的积极促进作用，工程的实施虽会对沿线生态环境产生短期破坏和污染而造成环境经济损失，但在工程采取环保措施后，可将工程环境损失控制在最小范围。考虑到工程建设将带来巨大的社会效益和环境效益，可大大减少地面城市道路建设给城市空气环境、声学环境质量带来的污染影响，符合经济效益、社会效益、环境效益同步增长的原则。以下将以南京至句容城际轨道交通工程为例，按不同环境要素，对工程采取相应污染防治措施后带来的社会环境经济效益进行分析。

7.2 扬 尘 控 制

对南京至句容城际轨道交通工程施工工地现行扬尘治理措施的优化后，其产生的各类效益分析如下：

1. 经济效益

通过对现行场界喷淋装置的喷射角度、喷嘴直径优化调整后，场界喷淋 1 h 用水量约 10 m^3，每小时节约 50%的用水量。在此基础上通过根据施工工况设置分区自动启动喷淋装置，每小时可节约 60%的用水量，综合考虑上述喷淋措施后，每小时喷淋装置的用水量约为 4 m^3。按照目前南京自来水价格为 3.82 元/m^3，综合考虑上述喷淋优化后，单个工区厂界喷淋运行 1 h 可节约 61.12 元；则工程施工期间可节约水资源费用总计约 306 万元。

该工程提出的场界喷淋装置优化调整建议如若在十四五期间进行推广使用，南京市十四五期间轨道交通工程建设可节约水资源总计约 3 060 万元；全国十四五期间轨道交通工程建设可节约水资源总计约 45 900 万元。

2. 社会效益

南京至句容城际轨道交通工程施工过程中，严格落实施工扬尘管控，不仅达到了绿色施工的目的，降低了施工过程中的扬尘对周边环境的影响，并实现了较好的社会效益。

在施工过程中通过增加场界喷淋装置喷头上方围挡，很好地解决了目前施工场地场界外喷雾对周边行人的影响，创造了良好的社会效益。

7.3 固体废物综合处置

以再生利用技术，对拆迁固废及破拆混凝土进行处理，以生产砂石骨料及再生混凝土技术为例，对固体废物综合处置措施的各类效益进行分析：

1. 经济效益

弃渣类固体废物的回收利用，可直接产生经济效益，以混凝土中使用弃渣破碎制作再生骨料为例，根据研究，混凝土中使用再生粗骨料取代天然骨料在 30%以下时，对混凝土影响较小；而当取代率为 20%甚至 10%以下时，其对混凝土性能几乎没有影响。而这也为废弃混凝土的逐步推广利用提供了一定的支持。再生骨料的经济性构成包括：再生骨料市场销售收益，废弃混凝土分类回收成本，再生骨料加工成本，对不可回收部分最终处置成本。随着近几年政府对建筑垃圾回收利用的不断重视，相关的一些政策优惠也成为企业生产利用再生混凝土的一大因素。如南京市市容局已拟定了废混凝土回收利用具体政策，通过合理的经济补偿，促进和推广废弃混凝土的分类运输及回收利用工作。

表 7.1 和表 7.2 为某工程使用商品混凝土与再生混凝土的成本对比。

表 7.1 再生混凝土与普通商品混凝土综合成本比较

项　目	普通商品混凝土	再生混凝土
混凝土价格(元/t)	275	223.5
运输费用(元/t)	7.5	
弃置费用(元/t)	1.0	

表 7.2 各车站处置拆除混凝土数量

车站或区间	种　类	处置去向	数量	钢筋含量
马群站	支撑结构(C35 钢筋混凝土)	破碎、制造砂石骨料、废渣外运	1 110 m^3	177 kg/ m^3
白水桥东站	支撑结构(C35 钢筋混凝土)	破碎、制造砂石骨料、废渣外运	1 746 m^3	215 kg/ m^3
麒麟镇站	支撑结构(C35 钢筋混凝土)	破碎、制造砂石骨料、废渣外运	1 224 m^3	218 kg/ m^3

续上表

车站或区间	种　类	处置去向	数量	钢筋含量
汤山镇站	支撑结构(C35钢筋混凝土)	破碎、制造砂石骨料、废渣外运	137 m^3	255.35 kg/ m^3
汤山站	支撑结构(C25钢筋混凝土)	破碎、制造砂石骨料、废渣外运	828 m^3	135 kg/ m^3
黄梅站	支撑结构(C35钢筋混凝土)	破碎、制造砂石骨料、废渣外运	2 754 m^3	155 kg/ m^3
宝华山站	支撑结构(C35钢筋混凝土)	破碎、制造砂石骨料、废渣外运	2 869 m^3	211 kg/ m^3
杨塘路站	支撑结构(C35钢筋混凝土)	破碎、制造砂石骨料、废渣外运	1 485 m^3	175 kg/ m^3
东大街站	支撑结构(C35钢筋混凝土)	破碎、制造砂石骨料、废渣外运	985 m^3	214 kg/ m^3
句容站	支撑结构(C35钢筋混凝土)	破碎、制造砂石骨料、废渣外运	2 153 m^3	188 kg/ m^3

注:数据截至 2021 年 3 月,施工暂未结束。

截至 2021 年 3 月,南京至句容城际轨道交通工程仅拆除支撑结构一项工作,即产生废弃混凝土 1.5 万余方。根据施工单位预计,工程竣工后,共计将产生各类废弃混凝土 23.9 万 t。经处置利用后进行再生骨料和免烧砖等产品的制造,共生产再生骨料及再生免烧砖等约 25.7 万 t。经计算,其中生产的再生骨料、再生砖等产品直接经济效益将超 5 千万元。南京至句容城际轨道交通工程预计固体废物产生量及处置去向如图 7.1 所示。

经统计,2021 年,全国共 31 个城市,预计将新开通地铁线路里程约 1 267 km,如果这些地铁建设工程均能以较高比例综合处置固体废弃物,则能创造直接经济价值约 13.7 亿元。

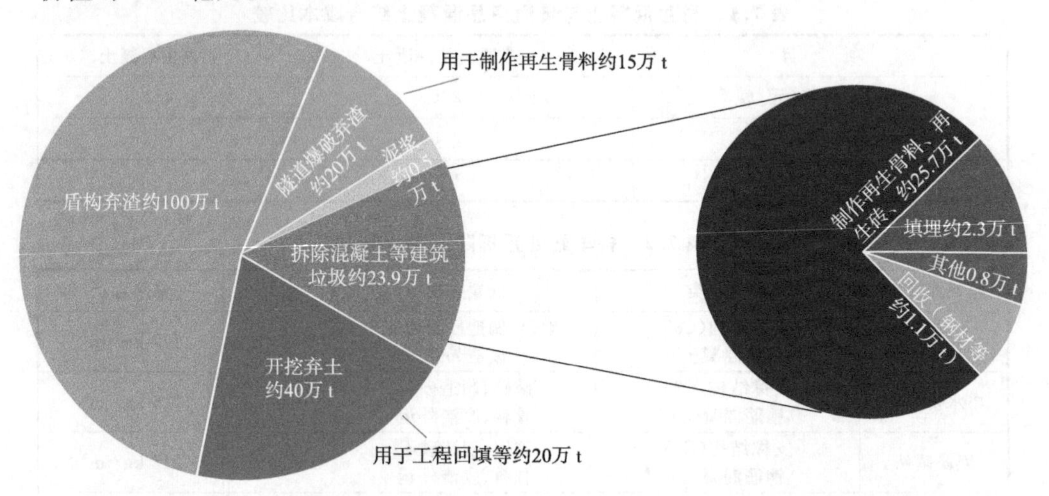

图 7.1　南京至句容城际轨道交通工程预计固体废物产生量及处置去向

2. 环境效益

每年大量的废混凝土如不进行处理，堆积的废混凝土将占用土地，污染水体和空气，影响生态和人们的身心健康。由于以上损失具体的货币估计较为复杂，在此仅以占用土地所造成的损失作以估计。以南京市为例，根据 2007 年拆除面积进行估算废弃混凝土数量约为 500 多万 t，加上由于道路桥梁拆除、建筑工程桩头破截、基坑支护工程的支撑拆除以及工程试验试块等的废弃混凝土量，南京市 2007 年排放的废弃混凝土总量约达 600 万 t，占地 6 万 m^2，约合 90 亩，根据城市郊区土地估价 10 万元/亩，占地损失的费用为 900 万元。而这一数字随着地价的飙升而变得更大。加上其他因素，可见废弃混凝土对环境有着相当重大的影响。

南京至句容城际轨道交通工程共产生各类固体废物约 186 万 t。工程根据源头减量，过程管控，分类处置等原则，共综合利用近 60 万 t，减少弃渣 40 余万 m^3，环境效益显著。

3. 生态效益

固体废物的回收利用，可间接减少混凝土等工程建材原材料的开采。地球上的资源是有限的，许多是不可再生的。在建筑工程中，混凝土的用量最大，而在混凝土的几种原材料中，骨料用量又居首位。我国近两年的每年骨料用量高达 90 亿 t。由于混凝土用量越来越大，为了保证砂石的供应而进行大量开山采石，已经严重破坏了自然景观和绿色植被，造成水土流失或河流改道等严重后果，有些地区，尤其是建设强度比较大的中心城市已经没有可取的碎石和砂子，混凝土的骨料资源出现了严重危机。因此，必须开发新的资源作混凝土骨料，并且要实现资源的可循环利用。如果在 90 亿 t 骨料用量中，有 20%的再生骨料，每年就可以减少 18 亿 t 的骨料开采，保护大量的山体和大片的绿色植被，具有非常显著的生态效益与社会效益。

7.4 生态保护

(1)根据估算，施工过程中产生的弃方中约有 51.3 万 m^3 可进行综合利用，以砂石骨料的利用方式计算，可产生至少 2 000 万元的经济效益及显著的资源节约效益。

(2)施工结束后，工程完工后尽快恢复林、草植被，对占用的土地进行植被恢复。通过种植当地生态系统中原有的植物种类及区域地带性植被中的优势灌木草本植物，恢复不同区域原有的自然植被和生态环境。根据估算，植被恢复工程完成后可产生至少 500 万元/年显著的经济效益。

(3)进入运营期后，工程在“大连山一青龙山水源涵养区”凳子山宕口开展生态修复工程，在土石方回填的基础上，对该宕口中的 10 000 m^2 范围进行植被覆盖，本工程建设后，“大连山一青龙山水源涵养区”水源涵养量整体将增加 4 064.13 m^3/年，可有效改善隧道开挖和建设对隧道施工区域植被和景观的破坏。根据估算，宕口植被恢复工程可产生至少 200 万元/年的经济效益。

7.5 节水及水资源回用

1. 经济效益

根据估算，南京至句容城际轨道交通工程全线每年可节约用水约 268 275 m^3，按照南京市自来水工业用水价格 3.82 元/m^3 计算，则工程施工期全年可以节约水费约 98 万元。

2. 环境效益

我国目前从地表水取水、制水、输配水后供应到用户的自来水损失率约为 20%，根据南京至句容城际轨道交通工程全线的节约用水量，每年可减少地表水取水约 335 344 m^3。此外，该工程循环水来源为经沉淀池处理后的各类施工废水，循环回用后相当于减少了施工废水的排放，排污系数按 0.8 计算，工程施工期每年减少排放的废水量约为 214 620 m^3。由于南京至句容城际轨道交通工程排放的废水经市政污水管网后纳入各污水处理厂处理，出水的水污染物浓度达到《城镇污水处理厂污染物排放标准》(GB 18918—2002)一级 B 标准，则工程减少的水污染物排放量见表 7.3。目前我国污水厂的污水处理成本约为 1.5 元/t，则工程施工期可以减少污水处理成本约 32.2 万元。由此可见，南京至句容城际轨道交通工程在减少水资源利用、减少污水及水污染物排放上具有明显的环境效益。

表 7.3 南京至句容城际轨道交通工程施工期减少的水污染物排放量一览表

污染物名称	污染物浓度(单位:mg/L)	减少的污染物排放量(单位:t/年)
COD_{cr}	60	12.88
石油类	3	0.64
SS	20	4.29

7.6 噪声控制

根据《南京市环境噪声污染防治条例》第三十四条第六项“违反本条例的，由环境保护行政主管部门依照下列规定给予处罚:(六)违反第二十三条、第二十四条、第二十五条规定，未经批准擅自进行施工作业的，责令改正，给予警告，可以并处三千元以上三万元以下罚款”。自 2021 年初以来，南京市已有数十起施工工地未经审批进行夜间连续施工遭到警告并罚款的案例。因此，对于施工单位来说，依照法律要求履行相应手续能够有效规避生态环境部门的处罚，间接提升项目的环境经济效益。施工单位首先确保夜间施工的合法性，取得《夜间施工许可证》，同时在进行夜间施工前，公告附近居民。夜间不进行高噪声施工，避免对周边居民的休息产生干扰。

南京至句容城际轨道交通工程的建设将进一步加强宁镇扬一体化进程，有利于发展南京都市圈规划，项目正式投产后将会带来巨大的经济效益。单从噪声防护方面看，本项目对沿线声环境敏感点，针对其不同的环境特征，采取 3 m 或 4 m 高(声屏障高度是指高于轨面的高度)直立式声屏障和半封闭式声屏障等不同规格的屏障，有效减少项目运营期间造成的噪声污染问题，可直接减少因噪声问题导致的环保拆迁。此外，良好的降噪措施，为项目沿线地块的开发提供了保障，有利于公共配套设置及商业区的建设，为当地带来间接经济效益。

根据估算，噪声污染经济损失主要为长期处于低声及环境中的乘客及少量工作人员，工程初期噪声污染产生的环境经济损失为 1 146.6 万元。在履行各项噪声防护措施后，能够大大降低噪声污染造成的环境经济损失。

后　记

城市轨道交通是城市重要的公益性事业，在城市交通中发挥了不可替代的作用，具有显著的经济效益、环境效益和社会效益。但是城市轨道交通工程建设也具有交通线路长、涉及面广、跨区域长距离运行、工程量大等问题，往往对项目周边环境等造成一定的影响。在习近平生态文明思想的要求下，为了进一步提高城市轨道交通项目的工程质量，减少工程建设阶段对沿线环境的影响，开展城市轨道交通环境保护管理体系研究是非常必要的，有着重大的经济和社会意义。

本书在现场调研、借鉴先进城市经验和国内外文献查阅分析的基础上，阐述了城市轨道交通环境保护管理体系的相关内容，包括城市轨道交通工程环境污染防治和生态保护技术、城市轨道交通工程环境保护管理模式、城市轨道交通工程环境保护管理考核制度、城市轨道交通工程环境保护一体化管理平台、太阳能光伏发电系统在城市轨道交通工程的应用、社会环境经济技术效益分析等，可对城市轨道交通工程环境保护管理起到积极的促进作用和指导作用，对我国城市轨道交通工程环境保护管理提供科学依据。